Vorstellen und Verstehen
Zur Bedeutung der Bildhaftigkeit für das Lernen und Verstehen chemischer Inhalte

ns Europäische Hochschulschriften
Publications Universitaires Européennes
European University Studies

Reihe XI

Pädagogik

Série XI Series XI
Pédagogie
Education

Bd./Vol. 581

PETER LANG
Frankfurt am Main · Berlin · Bern · New York · Paris · Wien

Hans-Dieter Körner

Vorstellen und Verstehen

Zur Bedeutung der Bildhaftigkeit für das Lernen und Verstehen chemischer Inhalte

PETER LANG
Europäischer Verlag der Wissenschaften

Die Deutsche Bibliothek - CIP-Einheitsaufnahme

Körner, Hans-Dieter:
Vorstellen und Verstehen : zur Bedeutung der Bildhaftigkeit für das Lernen und Verstehen chemischer Inhalte / Hans-Dieter Körner. - Frankfurt am Main ; Berlin ; Bern ; New York ; Paris ; Wien : Lang, 1994
  (Europäische Hochschulschriften : Reihe 11, Pädagogik ; Bd. 581)
  Zugl.: Essen, Univ., Diss., 1992
  ISBN 3-631-47218-8
NE: Europäische Hochschulschriften / 11

Der Kurt-Hansen-Stiftung Leverkusen
gilt besonderer Dank für die finanzielle Unterstützung
des Drucks

D 465
ISSN 0531-7398
ISBN 3-631-47218-8
© Peter Lang GmbH
Europäischer Verlag der Wissenschaften
Frankfurt am Main 1994
Alle Rechte vorbehalten.

Das Werk einschließlich aller seiner Teile ist urheberrechtlich geschützt. Jede Verwertung außerhalb der engen Grenzen des Urheberrechtsgesetzes ist ohne Zustimmung des Verlages unzulässig und strafbar. Das gilt insbesondere für Vervielfältigungen, Übersetzungen, Mikroverfilmungen und die Einspeicherung und Verarbeitung in elektronischen Systemen.

INHALTSVERZEICHNIS

1	**Einleitung**	1
2	**Vorstellungen als Komponente der Informationsverarbeitung**	4
2.1	Vorstellungen aus Sicht der Kognitionspsychologie	4
2.1.1	Die 'Imagery Debatte'	4
2.1.2	Die aktuelle Diskussion	6
2.1.3	Die Auslegung von Vorstellungen in dieser Arbeit	9
2.2	Vorstellungen aus Sicht der Naturwissenschaftsdidaktik	10
2.2.1	Die Auffassung von Vorstellungen	10
2.2.2	Die Auffassung von Bildern	12
2.2.3	Integrative Sichtweisen über Bilder und Vorstellungen	13
2.3	Vorstellungen als Untersuchungsgegenstand	15
2.3.1	Bisherige Untersuchungen	15
2.3.1.1	Arbeiten aus dem Bereich der Psychologie	15
2.3.1.2	Arbeiten aus dem Bereich der Naturwissenschaftsdidaktik	16
2.3.2	Konzeption dieser Arbeit	18
3.	**Quantitative Untersuchung zur Beurteilung von Konkretheit, Bildhaftigkeit, Bedeutungshaltigkeit und subjektiver Verständlichkeit chemischer Begriffe**	19
3.1	Untersuchungsdesign	19
3.1.1	Methode	19
3.1.2	Untersuchungsgruppen	21
3.1.3	Untersuchungsmaterial	23
3.1.4	Instruktion	24
3.1.5	Hypothesen	26
3.2	Ergebnisse	26
3.2.1	Mittelwerte und Standardabweichungen	27
3.2.2	Reliabilität und Stabilität	30
3.2.3	Auswertung der Zusammenhänge zwischen den Eigenschaften anhand der Mittelwerte	30
3.2.3.1	Unterschiede zwischen Probandengruppen	30
3.2.3.2	Interkorrelationen der Eigenschaften	32
3.2.4	Auswertung der Zusammenhänge zwischen den Eigenschaften anhand der individuellen Angaben	33
3.2.4.1	Unterschiede zwischen Probandengruppen	33
3.2.4.2	Interkorrelationen der Eigenschaften	33

3.2.4.3	Faktorenanalysen zur Eigenschaftsbeurteilung	36
3.2.5	Auswertung der Zusammenhänge zwischen den Begriffen	39
3.2.5.1	Inhaltliche Aspekte	40
3.2.5.2	Wahrnehmungsabhängige Aspekte	36
3.2.5.3	Faktorenanalysen zur Begriffsbeurteilung	52
3.2.6	Auswertung der Zusammenhänge zwischen den Einschätzungen des Alltagsbezugs und den Eigenschaften K, B, M, V	54
3.2.7	Ergebnisübersicht	56
4	**Qualitative Untersuchung zur Konkretheit und Bildhaftigkeit chemischer Begriffe**	**58**
4.1	Untersuchungsdesign	58
4.2	Ergebnisse	59
4.2.1	Kriterien zur Beurteilung von Konkretheit und Bildhaftigkeit chemischer Begriffe	59
4.2.2	Ergebnisübersicht	68
5	**Interviews**	**71**
5.1	Untersuchungsdesign	71
5.1.1	Methode	71
5.1.2	Untersuchungsgruppen und -materialien	72
5.2	Ergebnisse	73
5.2.1	Auswertung der Hypothesen zum Phänomen 'Verdunstungskälte'	74
5.2.2	Auswertung der Äußerungen in der Lernsituation	76
5.2.3	Auswertung der Angaben zur fiktiven Lehrsituation	84
5.2.4	Vergleich reale und fiktive Lehrsituation	90
5.2.5	Bedeutung bildhafter Medien	94
5.2.6	Ergebnisübersicht	98
6	**Zusammenfassung**	**99**
7	**Literatur**	**102**
8	**Anhang**	**109**

VERZEICHNIS DER ABBILDUNGEN

Abb. 1: Kodierung nach SCHIERMANN
Abb. 2: Wechselwirkungen von Wahrnehmen, Denken und Handeln nach SCHIERMANN
Abb. 3: Vorstellungen als Schnittmenge verschiedener Gedächtnisinhalte
Abb. 4: Stellung der Vorstellungen im Problemlöseprozeß
Abb. 5: Komponenten der Wahrnehmung nach BUCK
Abb. 6: Häufigkeitsverteilungen der Bewertung zur Konkretheit und Bildhaftigkeit des Begriffs Sauerstoff durch die Schüler
Abb. 7: Häufigkeitsverteilungen der Bewertung zur Konkretheit und Bildhaftigkeit des Begriffs Salz durch die Anglistikstudenten
Abb. 8: Häufigkeitsverteilungen der Bewertung zur Konkretheit der Begriffe Struktur, Strukturformel, Reaktion und Reaktionsgleichung

VERZEICHNIS DER ABKÜRZUNGEN

K   Konkretheit / Konkretheitseinschätzung
B   Bildhaftigkeit / Bildhaftigkeitseinschätzung
M   Bedeutungshaltigkeit / Bedeutungshaltigkeitseinschätzung
V   Verständlichkeit/ Verständlichkeitseinschätzung
Ab   Alltagsbezug / Alltagsbezugseinschätzung
C   Chemiestudenten
A   Anglistikstudenten
m   Mittelwert
s   Standardabweichung
n   Zahl der Beobachtungen
k   Zahl der Variablen
c   Cochran-Wert
p   Wahrscheinlichkeit
QS   Quadratsumme der Abweichungen
df   Zahl der Freiheitsgrade
F   F-Wert
ns   nicht signifikant
r   Produkt-Moment-Korrelationskoeffizient
h^2 Kommunalität
F1   Faktorladungen des ersten extrahierten Faktors
F2   Faktorladungen des zweiten extrahierten Faktors
eV   erklärte Varianz
Ca   Cadmium
NAS   Natriumaluminiumsilikat
Am   Ammoniak
Sa   Sauerstoff
Sä   Säure
Me   Metall
NM   Nichtmetall
Ku   Kupfer
Ve   Verbrennung
Bi   Bindung
Gl   Gleichgewicht
Po   Polarität
Or   Orbital
Ge   Gesamt

1 EINLEITUNG

POPPER (1974) unterscheidet in seiner pluralistischen Philosophie drei Welten: die erste Welt der physikalischen Zustände, die zweite Welt der Bewußtseinszustände, der subjektiven Ideen und die dritte Welt der Theorien, der objektiven Ideen. Die Einteilung scheint im ersten Zugriff naheliegend und eindeutig zu sein. Doch sind diese drei Welten tatsächlich voneinander zu trennen? Die folgenden Zitate beschäftigen sich alle mit den Beziehungen, die zwischen diesen Welten auftreten.

"Wer nur korrekt informiert ist über das gesetzmäßige Zahlenverhältnis des scheinbaren Gewichtsverlusts eines in eine Flüssigkeit getauchten Körpers zu der Menge und dem Gewicht der verdrängten Flüssigkeitsmenge, der mag zwar die allgemeinen quantifizierbaren Zusammenhänge zwischen den allgemeinen Eigenschaften von Flüssigkeiten und Körpern kennen und daraus Prognosen ableiten; er mag ... den Tatbestand so erklären können, aber er versteht ihn nicht. Er weiß nicht warum. Er wird nicht dessen gewahr, was das naturwissenschaftliche Ergebniswissen an Ergebnissen und Erfahrungen mit Wasser ausklammert und übergeht. Er hat ein Wissen auf der Ebene der sekundären Weltsicht - ohne deren Wurzeln in einer primären Welterfahrung zu realisieren. Und deshalb hat dieses Wissen die gewaltsam destruktive, verdrängende Züge, ... gegen die er die "Basisschicht der Subjektivität" in sinnlichsymbolischen Interaktionsformen einklagt."
　　　RUMPF "Erlebnis und Begriff"

"Daß alle unsere Erkenntnisse mit der Erfahrung anfange, daran ist gar kein Zweifel; denn wodurch sollte das Erkenntnisvermögen sonst zur Ausübung erweckt werden, geschähe es nicht durch Gegenstände, die unsere Sinne rühren und teils von selbst Vorstellungen bewirken, teils unsere Verstandtätigkeit in Bewegung bringen, diese zu vergleichen, sie zu verknüpfen oder zu trennen, und so den rohen Stoff sinnlicher Eindrücke zu einer Erkenntnis der Gegenstände zu verarbeiten, die Erfahrung heißt? Der Zeit nach geht also keine Erkenntnis in uns vor der Erfahrung vorher, und mit dieser fängt alle an.
Wenn aber gleich alle unsere Erkenntnis mit der Erfahrung anhebt, so entspringt sie darum doch nicht eben alle aus der Erfahrung."
　　　KANT "Kritik der reinen Vernunft"

"Wir nehmen Dinge wahr vermöge unserer Sinnlichkeit. Aber was wir wahrnehmen, sind nicht die Dinge selbst; das Auge schafft das Licht und das Ohr die Töne. Sie sind außer uns nichts. Wir leihen ihnen dieses."
　　　LICHTENBERG "Wenn es auch Dinge außer uns gibt..."

"Unsere Vorstellungen sind ihrer Herkunft nach kein Abbild der Wirklichkeit, sondern ein Bild von dem, was wir mit der Wirklichkeit anfangen; sie sind ein Bild unseres (erfolgreichen) Handelns, unseres Wechselwirkens (Wirklichkeit) mit der Umwelt."

    HEEGE "Vorstellung, Reflexion, Intuition und die Genese physikalischer Begriffe"

"Die Sprache, mit deren Hilfe eine Wissenschaft Aussagen über einen bestimmten Wirklichkeitsausschnitt trifft, ist immer schon in hohem Maße "theoriegeladen", d.h. mit Bedeutungen befrachtet, die ihre Herkunft nicht in der unmittelbaren Sinneserfahrung haben, sondern immer schon Vorwegdeutungen der Wirklichkeit enthalten. Die Wahl der Symbole und Symbolsysteme, mit denen wir "Wirklichkeit abbilden", bestimmt vorweg das Bild, das wir uns von einer Wirklichkeit machen. Damit wird einsichtig, daß die Wirklichkeiten, von denen die Wissenschaften handeln, Konstruktionen des Denkens sind, die zu den "wirklichen" Wirklichkeiten nicht in einem direkten Abbildungsverhältnis stehen."

    FREESE "Erscheinung und Wirklichkeit"

"Nachdem DEMOKRIT sein Mißtrauen gegen die Sinneswahrnehmungen in dem Satz ausgesprochen: 'Der gebräuchlichen Redeweise nach gibt es Farbe, Süßes, Bitteres, in Wirklichkeit aber nur Atome und Leeres', läßt er die Sinne gegen den Verstand reden: 'Armer Verstand von uns nahmst du die Beweisstücke und willst uns damit niederwerfen? Zum Fall wird dir der Niederwurf.'"

    DEMOKRIT nach DIELS "Die Fragmente der Vorsokratiker"

"Das Hindernis, das mich von der Chemie fernhielt, hat etwas zu tun mit der weiten Kluft zwischen wahrgenommener Wirklichkeit und Symbol. Das Wasser, das ich trinke und in dem ich bade, und die Formel H_2O schienen mir keine direkte Beziehung zu haben."

    BORN "Symbol und Wirklichkeit"

Die Ausgangspunkte der verschiedenen Autoren sind recht unterschiedlich, was zu einer differenzierten Auffassung der gleichen Problematik führt. So fordert RUMPF uneingeschränkt, das Weltwissen von persönlichen sinnlichen Erfahrungen, von der ersten Welt ausgehend, aufzubauen. Auch für KANT liegt hier die Grundlegung aller Erkenntnis, doch deutet er schon darauf hin, daß Elemente der anderen Welten diese beeinflussen. HEEGE und LICHTENBERG machen deutlich, daß die Eindrücke der ersten Welt zumindest ohne Bezüge zur zweiten Welt bedeutungslos sind. FREESE weitet diesen Aspekt auf, indem er darauf hinweist, daß es keine unbeeinflußte Wahrnehmung der ersten Welt geben kann und das bisherige Wissen einer Gesellschaft, die dritte Welt, sich bedeutend auf neue Wahrnehmungen auswirkt. Diese Problematik hat im Bereich der Naturwissenschaften eine ganz eigene Ausprägung, die in den Äußerungen von DEMOKRIT und BORN zum

Ausdruck kommt.

Eine Trennung der drei Welten kann also nur von symbolischem Charakter sein. Sie sind zu stark voneinander abhängig und miteinander verwoben. Dabei kommt der zweiten Welt, der Welt des Bewußtseins, eine vermittelnde Funktion zu. Sie muß gleichsam der eigenen sinnlichen Wahrnehmung und Erfahrung als auch den überlieferten Erkentnissen Rechnung tragen. Hier fließen beide Elemente, persönliche und tradierte Erfahrung, zusammen, hier kann die Trennung überwunden werden.

Dieser Welt des Bewußtseins sind u.a. bildhafte Vorstellungen zuzuordnen. Ihre Bedeutung in diesem weiten Gefüge ist erst in den letzten Jahren zum Forschungsgegenstand der Psychologie geworden und nur bruchstückhaft von der Naturwissenschaftsdidaktik aufgegriffen worden.

Diese Arbeit soll einen neuen Zugang zu dieser Problematik schaffen, um die Bedeutsamkeit bildhafter Vorstellungen bei Lehr-Lern-Prozessen in den Naturwissenschaften herauszustellen.

2 VORSTELLUNGEN ALS KOMPONENTE DER INFORMATIONSVERARBEITUNG

Die Frage, welche Bedeutung der Vorstellung bei der kognitiven Verarbeitung von Informationen zukommt, ist seit jeher eine Frage nach der Funktion von Bildern und Worten für den mit seiner Umwelt in Kontakt tretenden Menschen. Dahinter steht das Interesse der Kognitionspsychologen an der Beschreibung grundlegender Informationsverarbeitungsprozesse. Diese Frage impliziert jedoch gleichzeitig die philosophische Frage nach dem Beziehungsgefüge von Wahrnehmen und Denken, die schon in der Antike zur Diskussion stand. PLATO stellt zunächst *"die Welt der Ideen derjenigen der Materie und des Körpers gegenüber. Die Ideen sind das wahrhaft Seiende, das Zeitlose, Vollkommene. In der Welt der Ideen herrschen Gesetze der Harmonie, die der Mensch kraft seiner Vernunft, also denkend, zu erkennen vermag. Der Körper dagegen ist der Materie verhaftet. Das Körperliche ist zugleich das Sinnliche, mithin das Unvollkommene, Ungeordnete, nicht-eigentlich Seiende und daher Vergängliche. Die Idee vermag aber das Körperliche, die Materie, zu formen. So haben die Dinge teil an der Gestalt und der Existenz der Idee."* (zit. nach AEBLI 1981 S.375) Obwohl hier eine klare Trennung von Wahrnehmen und Denken vorgenommen wird, deutet der letzte Satz auf ein Zusammenwirken beider Verarbeitungsprozesse hin. Gerade unter einer lernpsychologischen Fragestellung muß daher der Beziehung zwischen Wahrnehmen und Denken besondere Aufmerksamkeit geschenkt werden.

2.1 VORSTELLUNGEN AUS SICHT DER KOGNITIONSPSYCHOLOGIE

Die heutige Diskussion in der Vorstellungsforschung ist eine Folge der dualen Kodierungstheorie von PAIVIO (1971). Es wird zwischen zwei wesentlichen Klassen von Informationen differenziert. Für die erste steht stellvertretend das Bild, darunter fallen aber generell alle sensomotorisch wahrnehmbaren Perzepte. Die zweite Klasse wird durch das Wort charakterisiert, d.h. sie umfaßt allgemein verbale, linguistische Informationen.

2.1.1 Die 'Imagery Debatte'

PAIVIO unterscheidet zwei voneinander unabhängige Repräsentationssysteme, die dieser Differenzierung der Informationselemente gerecht werden. Das erste dient der Verarbeitung verbaler Informationseinheiten, die in Anlehnung an MORTON (1969) 'Logogene' genannt werden. Dagegen ist das zweite für die Verarbeitung sprachfreier Informationseinheiten zuständig, die als 'Imagene' (für 'image generators') bezeichnet werden. Dabei wird angenommen, *"daß die Repräsentati-*

onseinheiten der nichtverbalen Information ganzheitliche, wahrnehmungsmäßige Entsprechungen oder Vorstellungsbilder sind, während verbale Repräsentationen funktionell eher wie Wörter ... sind, die keine Ähnlichkeiten zu konkreten Dingen aufweisen." (PAIVIO 1984 S.815) Obwohl beide Repräsentationssysteme unabhängig voneinander arbeiten können, besteht die Möglichkeit einer simultanen Aktivität und einer funktionalen Verbindung. Die effektivste Verarbeitung kann dann erfolgen, wenn beide Repräsentationssysteme miteinander kooperieren. PAIVIO spricht dabei von 'referentieller Verarbeitung'. Sie tritt bevorzugt bei der Bearbeitung von konkretem Informationsmaterial auf. Hierbei treten Wechselwirkungen zwischen den Repräsentationseinheiten auf. Imagene werden mit Begriffen belegt, und Logogene sind imstande, die Generierung von Vorstellungsbildern auszulösen. Konkrete Informationen werden deshalb besser verarbeitet, weil sie über mehr Attribute verfügen, was zur Koderedundanz führt. Bei abstrakten Informationen treten hingegen primär intraverbale Verarbeitungsprozesse auf, bei denen zu den verbalen Repräsentanten andere linguistische Einheiten assoziiert werden. JANSSEN-HOLLDIEK (1984) unterscheidet eine indirekte Aktivierung abstrakter Inhalte über assoziative Verknüpfungen von der direkten Bezugnahme auf referentielle Bedeutungen bei konkreten Aussagen.

Auch KOSSLYN (1980) ist Befürworter analoger Repräsentationsformen und hält "imagery as an explanatory construct in psychology".(KOSSLYN & POMERANTZ 1977 S.52) Er und seine Mitarbeiter sowie COOPER & SHEPARD (1978) haben vorwiegend untersucht, ob die Verarbeitung direkt wahrgenommener Perzepte und visueller Vorstellungen vergleichbar sind. Dabei kommen sie eindeutig zu dem Ergebnis, daß die bildhafte Vorstellung ein dem perzeptuellen Wahrnehmungsbild verwandtes Verarbeitungselement ist. Vorstellungen sind jedoch nicht als unveränderbare Abbilder der Objekte aufzufassen. WISEMAN & NEISSER (1974) konnten zeigen, daß Vorstellungen tatsächlich Interpretationen von wahrgenommenen Bildern sind und daß die rohen Perzepte nicht unverarbeitet gespeichert werden. NEISSER & KERR (1973) beschreiben daher Vorstellungen nicht als 'mental pictures', sondern als 'mental layouts'. Damit sind Vorstellungen Gedächtnisinhalte, die nicht auf direkter perzeptueller Wahrnehmung beruhen, sondern nach einer kognitiven Verarbeitung aufgrund interner oder externer Reizgegebenheiten aktiviert und modal repräsentiert werden.

Das imaginale System wird in dieser Theorie neben dem verbalen System gleichberechtigt zum erklärenden Konstrukt. Das Imagen wird zum Gedankenträger mit einer den Wörtern vergleichbaren Leistungsfähigkeit. Im übertragenen Sinn wird mit diesem Standpunkt der Dualismus von Körper und Geist, von Wahrnehmen und Denken überwunden.

Einwände gegen die Theorie beziehen sich vornehmlich auf das imaginale System, da es auf analogen, nicht propositionalen Repräsentationsformen basieren soll, die die Informationen modalitätsspezifisch verarbeiten. Ebenso wird kritisiert, daß auch dem verbalen System keine abstrakten Bedeutungseinheiten zugewiesen werden, sondern daß die Verarbeitung an Sprache gebunden bleibt. PYLYSHYN (1973 S.1), einer der schärfsten Kritiker Paivios, erklärt: *"It is argued that an adequate characterization of "what we know" requires that we posit abstract mental structures to which we do not have conscious access and which are essentially conceptual and propositional, rather than sensory or pictoral, in nature."* Er fordert ein unitäres Verarbeitungssystem (single-code), in dem alle Informationen zu amodalen Repräsentationseinheiten transformiert werden. Auch ANDERSON & BOWER (1973 S.432) verfolgen diesen Gedanken und postulieren in ihrem Gedächtnismodell HAM (Human Associative Memory) ein gemeinsames propositionales Netzwerk für verbale und nonverbale Informationen: *"Knowledge - even knowledge that is derived from pictures or that is used in generating images - is always represented in the form of abstract propositions about properties of objects and relations between objects."* Sie beziehen sich dabei auf Untersuchungen, in denen gezeigt werden konnte, daß lediglich die Bedeutung der Objekte verarbeitet wird und sinnlich wahrnehmbare Aspekte dabei eine untergeordnete Rolle spielen. Worte und Vorstellungsbilder schaffen nur die Brücke zwischen sensorischer Stimulation und propositionalem Wissen. (PYLYSHYN 1973 vgl. auch STEINER 1984, WIPPICH 1984, ANDERSON 1988)

In einem ersten Resümee kann festgehalten werden, daß für beide Positionen überzeugende Untersuchungsergebnisse vorliegen, jedoch kann keine Theorie allein alle Ergebnisse hinreichend erklären. Damit wird es notwendig modalitätsspezifische und amodale Repräsentationsformen anzunehmen.

2.1.2. Die aktuelle Diskussion

Es bleibt zu fragen, ob nicht beide Ansätze schwerpunktmäßig verschiedene Ziele verfolgt haben. Während die Propositionstheoretiker primär auf die (einheitlichen) Strukturen hinweisen, in die das gesamte 'Weltwissen' integriert wird, zeigen die Bildtheoretiker, daß man bei der Informationsverarbeitung auf mediale Repräsentationseinheiten angewiesen ist. (vgl. HINDER 1983) Dabei werden sowohl die Einheiten und Organisationsstrukturen des Gedächtnisses als auch die Medien, über die die Verarbeitungsprozesse ablaufen, als Repräsentationen verstanden. Beides ist möglich, denn generell wird *"mit diesem Begriff... auf systeminterne Zustände verwiesen, von denen man annimmt, daß sie systemexterne Zustände abbilden. ... Ein kritischer Aspekt hierbei ist die Generalisierung von aktueller Aktivation zur überdauernden Repräsentation."* (ENGELKAMP & PECHMANN 1988 S.2 ff)

Eine Differenzierung der Informationsverarbeitung in zwei Abschnitte liegt daher nahe. Zu unterscheiden sind dabei das Arbeits- und das Langzeitgedächtnis. Letzteres übernimmt eine Speicherfunktion und bildet die eigentliche Wissensbasis für das informationsverarbeitende System, es repräsentiert das Weltwissen. Die

Aufgabe des Arbeitsgedächtnisses ist umfangreicher. Hier werden sowohl die Perzepte aus der Umwelt aufgenommen als auch Repräsentationen von der Wissensbasis abgerufen und jeweils für sich oder gemeinsam zu aktuellen internen Konstrukten modelliert. Diese können dann handlungswirksam sein, das emotionale System anregen, zu einer weiteren kognitiven Verarbeitung führen oder in die Wissensbasis einfließen. Dieser aktive Charakter des Arbeitsgedächtnisses legt eine Unterscheidung seiner Repräsentationen von denen des Langzeitspeichers nahe. (vgl. SEEL 1986) Während im Langzeitspeicher ausschließlich propositionale Einheiten denkbar sind, bedarf das Arbeitsgedächtnis notwendigerweise zusätzlich modalitätsspezifischer Repräsentationsmöglichkeiten. CHASE & CLARK (1972) postulieren in ihrer Vorstellungstheorie zwar ebenfalls ein einheitliches modalitätsunabhängiges Speichersystem, betonen jedoch, daß die gespeicherten Informationen in modalitätsspezifische Elemente übersetzt werden können. Impliziert wird diese Möglichkeit auch im Prozeß des Ausdifferenzierens, den ANDERSON & BOWER als eine Verbindung der abstrakten Repräsentation mit der mediengebundenen Oberflächenstruktur verstehen. SCHIERMANN (1987) äußert, daß die ursprünglichen Reize als amodale Bedeutungsträger enkodiert werden und bei einem erneuten Zugriff auf diese Informationen neu sensorisch konstruiert werden (Abb.1).

Abb. 1: Kodierung nach SCHIERMANN (1987 S.45)

Hier gewinnt der Konstruktionsgedanke zunehmend an Einfluß. JOHNSON-LAIRD (1983 S.402) stellt diesen Aspekt als ein wesentliches Charakteristikum mentaler Repräsentationen heraus: *"All our knowledge of the world depends on our ability to construct models of it."* Unser Weltwissen ist gleichsam in intern modellierten Strukturen über die externe Umwelt gespeichert.gerade innerhalb dieses Konstruktionsprozesses übernehmen nach STEINER (1980) bildhafte Vorstellungen wichtige Funktionen, sie bilden 'Subroutinen des kognitiven Aufbaus'. Auch VON EYE (1989) zieht den Schluß, daß sich der Bildhaftigkeitseffekt nicht auf oberflächliche Verarbeitungsprozeduren beschränkt, sondern die inhaltliche Verarbeitung der Information leitet.

HERRMANN (1988) und LE NY
tationen' und 'Typ-Repräsentationen'. Unter Token-Repräsentationen verstehen sie aktuelle situationsspezifische Repräsentationsereignisse, also in der Verarbeitung

befindliche Informationseinheiten. Typ-Repräsentationen sind dagegen vergleichsweise situationsunabhängige, dauerhafte Strukturen. Token-Repräsentationen sind stets intraindividuell, können also nur vom Informationsverarbeiter sinnvoll genutzt werden. Dagegen schreibt LE NY den Typ-Repräsentationen teilweise transindividuelle Anteile zu und vergleicht sie mit Prototypen, concepts oder Schemata, die Informationen enthalten, die von mehreren Informationsverarbeitern erkannt werden können. Dies wird am Beispiel des Restaurantschemas deutlich. Es bedarf nur weniger unspezifischer Informationen, z.B. den Angaben, daß eine Person in ein Haus geht, sich an einen Tisch setzt, etwas ißt und anschließend bezahlt, um zu erkennen, daß es sich dabei um die Beschreibung eines Restaurantbesuches handelt.

Der moderne Repräsentationsbegriff läßt also sowohl analoge Vorstellungsbilder und andere modalitätsspezifische Informationen als auch abstrakte, rein inhaltlich geprägte relationale Verknüpfungen zu. Er fordert darüber hinaus deren integrative semantische Verarbeitung. (TERGAN 1989) Dabei ist es unerläßlich, daß auch prozedurale Aspekte Beachtung finden, so "...müssen mentale Modelle nicht nur ein System zur Repräsentation von Wissen voraussetzen, sondern immer auch die Bedingungen zur Anwendung dieses Wissens in sehr verschiedenen Situationen berücksichtigen." (DÖRR et al. 1986 S.169) Sowohl bei der Wahrnehmung als auch bei der Verarbeitung abstrakten Materials sind Prozesse der Informationsselektion und des Informationstransfers notwendig. Zur Aktivierung und Steuerung dieser Aufgaben sind geeignete Operationen unabdingbar.

AEBLI (1981 S.319) weist in seiner Kognitionstheorie eben diesen Operationen Amodalität zu, während die zu verarbeitenden Objekte in analoger Form repräsentiert sind: "Die Strukturen des menschlichen Denkens, also die Geflechte von Relationen, sind auf ein modales Substrat angewiesen. Sie brauchen ein 'anschauliches' Material. Die Gegenstände, welche durch Handlungen und Operationen effektiv oder gedanklich in Beziehung gesetzt werden, müssen modal repräsentiert sein. Nur wenn dies der Fall ist, können wir zwischen ihnen Beziehungen herstellen. Diese sind im Moment ihrer Entstehung amodal, unanschaulich." Die zuletzt genannten Ansätze vereinigen die beiden bisher getrennt betrachteten Aspekte. AEBLI bezieht darüber hinaus die 'effektive', die praktische Handlung mit in seine Überlegungen ein. Geleitet wird er dabei durch die Medienkonzepte von WYGOTZKI (1969), PIAGET (1969, 1974) und BRUNER (1971). WYGOTZKI und PIAGET haben über die Sprache und das bildhafte Wahrnehmen und Vorstellen hinaus, die Berücksichtigung der Handlung in Problemlösesituationen gefordert, wobei sie die Handlung nicht explizit als Medium verstehen. Dieser Schritt bleibt BRUNER vorbehalten, der neben dem symbolischen und ikonischen Medium das enaktive Medium der Handlung postuliert. Auch ZIMMER (1987) und ENGELKAMP & ZIMMER (1989) weisen darauf hin, daß motorische Komponenten bei der Informationsverarbeitung berücksichtigt werden müssen. Sie fordern gleichsam eine multimediale Kodierung im Gedächtnissystem, in der neben der visuellen und verbalen auch die motorische Repräsentation von Bedeutung ist. In diesem Zusammenhang müssen auch szenarische und episodische Gegebenheiten Beachtung finden, bei denen dem Situationsablauf Informationsgehalt zukommt.

2.1.3 Die Auslegung von Vorstellungen in dieser Arbeit

Tatsächlich wird der Kontakt eines Menschen mit seiner Umwelt durch ein Zusammenwirken seiner Wahrnehmungen, Denkakte und Handlungen bestimmt. Diese drei Komponenten stehen in wechselseitiger Abhängigkeit (Abb. 2).

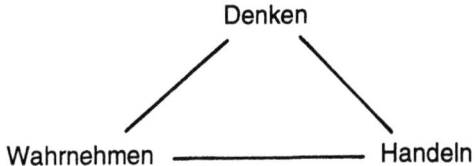

Abb. 2: Wechselwirkungen von Wahrnehmen, Denken und Handeln nach SCHIERMANN (1987 S.24)

Dabei werden neue Beziehungen zwischen bereits vorhandenen Gedächtnisinhalten und neuen Objekten gestiftet oder modifiziert und dadurch Gedächtnisstrukturen erzeugt. Eine Trennung dieser Komponenten hält SCHIERMANN für künstlich. Sie ermöglicht lediglich eine isolierte Darstellung der verschiedenen Komponenten des komplexen Informationsgewinnungs- und Verarbeitungsprozesses, in dem sie zusammenwirken. Die Gedächtnisinhalte, die diesen Akten zugrunde liegen, können demzufolge nicht unabhängig voneinander verarbeitet werden. Vorstellungen können in diesem Gefüge als Schnittmenge, als Mediator verstanden werden (Abb. 3). Dabei bildet die Annahme der Konstruktion von Vorstellungsbildern aufgrund perzipierter und gespeicherter Informationen eine wichtige Voraussetzung. (vgl. SUMFLETH & KÖRNER 1992)

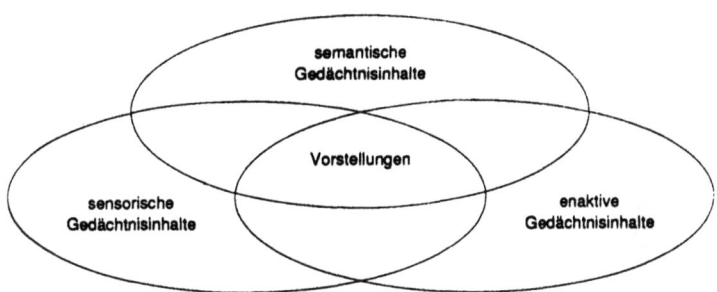

Abb. 3: Vorstellungen als Schnittmenge verschiedener Gedächtnisinhalte

Unter diesen Voraussetzungen nehmen sie gleichfalls eine zentrale Stellung innerhalb des Problemlöseprozesses ein. Die bekannten Problemlösemodelle stellen den Aufbau eines individuellen Problemraums vom Lernenden in den Mittelpunkt ihrer Betrachtungen. Er stellt eine bedeutsame Komponente im individuellen Problemlöseprozeß dar. (vgl. NEWELL & SIMON 1972; SUMFLETH 1988) Gerade bei der Konstruktion des Problemraums und der Interpretation des Aufgabenumfelds bilden Vorstellungen grundlegende Bausteine und induzieren den Problemlöseprozeß (Abb. 4). *"Sie spielen quasi eine Mittlerrolle zwischen den einzelnen Teilprozessen des Problemlösens."* (SUMFLETH & KÖRNER 1991 S. 460)

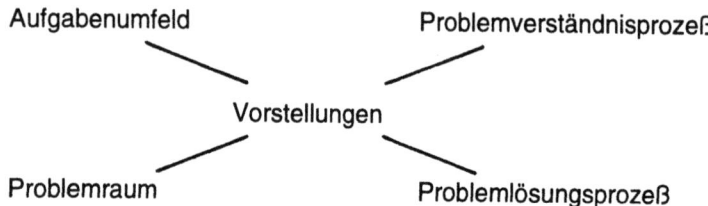

Abb. 4: Stellung der Vorstellungen im Problemlöseprozeß

Aus diesen Vorüberlegungen leitet sich die grundlegende Hypothese ab, daß bildhafte Vorstellungen auch für die Informationsverarbeitung naturwissenschaftlicher Inhalte vorteilhaft sind.

2.2 VORSTELLUNGEN AUS SICHT DER NATURWISSENSCHAFTSDIDAKTIK

Aus psychologischer Sicht werden Vorstellungen als das Zusammenwirken von sensorischen, enaktiven und semantischen Gedächtnisanteilen betrachtet. Sie nehmen dabei wesentliche Funktionen als Mediatoren in Problemlöseprozessen ein. Es stellt sich nunmehr die Frage, als was Vorstellungen in der Naturwissenschaftsdidaktik aufgefaßt und welche Funktionen ihnen hier beigemessen werden.

2.2.1 Die Auffassung von Vorstellungen

Während in der Psychologie bis heute an dem Begriff Vorstellung gearbeitet wird, wird in der Naturwissenschaftsdidaktik nur mit ihm gearbeitet. Entsprechend wird er nicht differenziert diskutiert. Die in der Psychologie kritisierte Generalisierung von Verarbeitungs- und Speicherungsprozessen, die zu einer Vermischung des Medien- und des Strukturierungsaspektes führt, findet auch in der Naturwissenschaftsdidaktik statt. So werden z.B. von MAICHLE (1981) cognitive maps, Propositionen, Vorstellungsbilder und Schemata als gleichwertige Ansatzpunkte genannt, um ein Verständnis von Vorstellungen im naturwissenschaftlichen Unterricht zu bekommen. Sie verweist zunächst darauf, daß so verschiedenartige Aspekte wie Wissen, Wahrnehmen, Verstehen und Reproduktion darunter subsumiert werden können.

Danach bezieht sie sich jedoch auf eine Sichtweise, die propositionale Relationen und die strukturelle Organisation von Information in den Vordergrund rückt. DUIT, JUNG & PFUNDT vergleichen Vorstellung mit Schema, script, frame oder conceptual framework. Damit wird vorrangig auf rein semantische Gedächtnisinhalte Bezug genommen. Auch JUNG (1978 S.131) erwähnt zunächst die Vielfältigkeit von Vorstellungen, hält in seinem Fazit aber fest: *"Es geht um Vorstellungen im Sinne verbalisierbarer Äußerungsdispositionen. Diese Vorstellungen sollten konstant und typisch sein ..."* Man wird dabei sehr an die von LE NY angesprochenen Typ-Repräsentationen erinnert, die primär der Speicherung semantischen Wissens dienen.

Häufig wird zwischen Schüler- und Alltagsvorstellungen differenziert. Sind die einen vorwiegend als lebensweltliche- und die anderen als wissenschaftliche Vorstellungen aufzufassen, wie man JUNG (1981) interpretieren kann? Worin unterscheiden sich diese Vorstellungen? HEEGE (1981 S.136) erklärt, daß *"nicht nur die Sprache, sondern auch die in ihr ausgedrückten Sachverhalte uns nicht anders als in unseren Vorstellungen und Gedanken gegeben sein können"* und formuliert anschließend die Frage: *"Wie kann man nun die Diskrepanz zwischen Alltags- und Fachsprache charakterisieren? ... Vorwegnehmend kann man sagen, daß der Schwerpunkt für die Alltagssprache bei bildhaftanschaulicher Darstellung liegt. ... Dagegen handelt die Fachsprache von eindeutig gemachten und in dieser Eindeutigkeit sinnlich nicht wahrnehmbarer Entitäten sowie von den Beziehungen zwischen ihnen. Das Darstellungsmittel der Fachsprache ist nicht das evident anschauliche Bild, sondern das abstrakte Symbol; sie handelt nicht unmittelbar von konkreten Fällen, beinhaltet diese aber gleichsam als Möglichkeit."* Für JUNG (1978 S.125) wird das kategoriale System, ein wesentlicher Teil des Wissens, zu einem großen Teil durch den Alltag bestimmt und durch Alltagssprache ausgedrückt. *"Dieses, wie einige meinen stark an perzeptiven Daten orientierte, Weltbild der (Alltags- d.A.)Sprache liefert einen konzeptuellen Rahmen, in dem Erfahrungen habituell interpretiert werden, einen Rahmen, der offenbar recht brauchbar ist in den meisten Alltagssituationen. Auf der anderen Seite stellt dieser Rahmen - zumindest gilt das für einzelne Ausfüllungen dieses Rahmens mit bestimmten Vorstellungen - in vielfacher Weise ein Hindernis beim Erlernen der Physik dar."* Es liegt danach nahe, sensorische und enaktive Gedächtnisinhalte als Alltagsvorstellungen zu bezeichnen, während die semantischen Anteile die Schülervorstellungen darstellen. LICHTFELDT (1991 S.14), definiert den Begriff ebenfalls in diesem Sinne: *"In dieser Untersuchung sind mit 'Schülervorstellungen' diejenigen kognitiven Netzwerke des Schülers gemeint, die er zum Zeitpunkt der Untersuchung zeigt. Die kognitiven Netzwerke werden gebildet aus Begriffen mit ihren Bedeutungsrelationen zwischen den verschiedenen Erfahrungsbereichen seines Lebens: Schule, Familie, Freundeskreis, alltägliche Umwelt etc.."* Hier steht die strukturelle Organisation der Informationselemente eindeutig im Vordergrund. Obwohl er die Alltagserfahrungen in seiner Definition erwähnt, scheinen bildhafte und motorische Verarbeitungselemente, also der mediale Aspekt, zweitrangig zu sein.

2.2.2 Die Auffassung von Bildern

Dadurch kann die Frage nach der Funktion von Vorstellungen in dieser Weise nicht gestellt werden. Sie muß umformuliert werden in die Frage nach der Funktion von Bildern oder anderen sensomotorisch erfahrbaren Darstellungsmitteln.

Modelle nehmen anerkannter Maßen eine bedeutende Stellung im Unterricht ein. Nach SCHÄFER et al. (1977 S.211) können zwei grundsätzlich verschiedene Funktionen von Modellen herausgestellt werden, die heuristische und die kommunikative (deskriptive, hermeneutische) Funktion: *"Bei der wissenschaftlichen Erkenntnissuche steht die heuristische Funktion im Vordergrund. ... In der Didaktik dagegen geht es vor allem um die Vermittlung von Wissen in objektivierter Form. Dabei steht die kommunikative Funktion des Modellbegriffs im Vordergrund. ... Vorhandenes Wissen wird durch Anschauungsmodelle objektiviert und in dieser Form als 'objektivierte Lernhilfe' vermittelt."*

Die didaktische Funktion von Modellen und Bildern, die Chemie zu veranschaulichen, um die Kluft zwischen konkreter Erfahrung und abstrakter Erklärung damit zu überwinden, wird von vielen Didaktikern unterstrichen. CHRISTEN (1990 S.51) hält *"das stete Nebeneinander von Stoff bzw. Stoffeigenschaft und anschaulichem Modell"* für eine besonders charakteristische Denkweise des Chemikers. VOSSEN (1979 S.83) fordert: *"... dem Lernenden seine Beobachtungen am Objekt und seine Erfahrungen bei der Begegnung mit Objekten mit Hilfe von Modellen zu veranschaulichen, zu erklären und besser verstehen zu helfen."* Teilweise wird auf eine Begründung des Einsatzes von Anschauungsmodellen verzichtet und lediglich *"aus didaktischen Gründen die Verwendung eines gegenständlichen Modells"* (BECKER et al. 1980 S.325) bei der Behandlung verschiedener Themen gefordert. HAUPT (1990 S.156) geht einen Schritt weiter und erklärt, daß bei der Aufbereitung komplizierter, insbesondere abstrakter Sachverhalte *"die Zuhilfenahme veranschaulichender Darstellungsmittel ... geradezu eine Binsenweisheit"* ist.

Nicht Wahrnehmbares soll durch Bilder oder Sachmodelle wahrgenommen werden können - und dann? Werden den Perzepten und den daraus gebildeten bildhaften Vorstellungen überhaupt weitergehende Funktionen zugewiesen?

CHRISTEN (1990 S.76) urteilt über das BOHR-Modell: *"Die große Gefahr für den Unterricht besteht in seiner Anschaulichkeit. Die leicht zu zeichnenden "Bilder" der Atome verführen zum Glauben, man "wisse" nun, wie ein Atom aufgebaut sei und man könne das Atom als winziges "Planetensystem" auffassen."* VOSSEN (1979 S.39 ff) schreibt : *"Diese Anschaulichkeit der Modelle im Chemieunterricht entspricht der Denkweise des Schülers und birgt damit die Gefahr in sich, daß der Schüler den Geltungsbereich eines Modells überschätzt und die gedankliche (bildhafte d.A.) Konstruktion für die Realität hält."* Daher ist er der Ansicht, daß *"ein Zuviel an Anschauung eher schadet als nutzt."* Auch für HAUPT (1990 S.156) *"drängt sich aber die Frage auf, wie weit darf man mit der Veranschaulichung -*

insbesondere bei Modellvorstellungen - gehen?" KIRCHER (1986 S.37) meint: *"Im Unterricht werden häufig gegenständliche Modelle zur Veranschaulichung der abstrakten Teilchenvorstellung verwendet. ... Zu beachten ist, daß solche Modelle - gerade wegen ihrer Anschaulichkeit - zu Verständnisschwierigkeiten der Schüler führen können."* Auch FLECHSIG (1975a S.1) übt Kritik *"an der übertriebenen und vorbehaltlosen Anwendung von "anschaulichen" Modellen im naturwissenschaftlichen Unterricht."* Er fordert eine 'Befreiung vom Modell'. Das Modell soll *"nicht als das Endziel für den Unterricht, sondern als ein Hilfsmittel dargestellt werden, von dem man sich in der Endstufe des Verstehens wieder befreien muß."* (FLECHSIG 1975b S.67) Hier wird deutlich, daß der Schüler semantisches, begriffliches Wissen erlangen soll.

Obwohl zunächst für den Einsatz anschaulicher Materialien plädiert wird, kommt deren Anschaulichkeit später in die Kritik und wird z.T. als Hindernis für das Verständnis aufgefaßt. Die durch solche Materialien aufgebauten bildhaften Vorstellungen haben offenbar einen weitaus geringeren Stellenwert als begriffliches Wissen, sie gehören nur bedingt zum Verständnis von Chemie. Dieser Zwiespalt ist nicht nur innerhalb der Forschergemeinschaft festzustellen, sondern selbst einzelne Personen sind unentschlossen, wie bildhafte Elemente zu bewerten sind. Viele halten die von SCHÄFER et al. dargestellte didaktische Funktion der Modelle für den Unterricht für unzureichend. Sie scheinen zwischen dem Weg der anschaulichen Vermittlung und dem Ziel der abstrakten Theoriebildung hin- und hergerissen zu sein. In der Naturwissenschaftsdidaktik werden offensichtlich Wahrnehmen und Denken überwiegend als unabhängig voneinander betrachtet. Gleichzeitig findet eine diffuse Vermischung der Medien- und Strukturierungsaspekte des Denkens statt. Das alles sind mögliche Gründe für diesen unentschiedenen Standpunkt. Es bleibt zu fragen, wie unter diesen Voraussetzungen die Kluft zwischen Konkretem und Abstraktem überbrückt werden soll.

2.2.3 Integrative Sichtweisen von Bildern und Vorstellungen

Obwohl in der fachdidaktischen Literatur überwiegend eine Trennung von Wahrnehmen und Denken erfolgt, gibt es auch Auffassungen, die beide Komponenten integrativ vereinigen. BUCK (1991) strebt eine Verbindung synoptischer und abstrakter Begriffe an. BUCK (1981) wehrt sich gegen eine Trennung von Beobachtung und Erfahrung einerseits und Theoriebildung andererseits: *"Aber ich möchte Erfahrung nicht auf sinnliche Wahrnehmung allein beschränkt sehen. "Sinnliche und geistige" Wahrnehmung scheint mir entscheidend zu sein für Theoriebildung."* (BUCK 1979 S.192) Er teilt den Kosmos symbolisch in verschiedene Blickwinkel auf, die es dem Lernenden ermöglichen, die Welt zu verstehen. (Abb. 5)

Abb. 5: Komponenten der Wahrnehmung nach BUCK (1979)

Das Gedachte ist einer dieser Blickwinkel, und Denken wird verstanden "als Wahrnehmungsvorgang - das ist hier gemeint - Denken andererseits als logischer Verknüpfungsvorgang - das ist etwas anderes." (BUCK 1979 S.190) Auch für VOLLMER (1980 S.137 ff) ist "Wahrnehmen eine Form des Denkens." Dabei "muß sich der Schüler mit den einlaufenden Sinnesdaten ... auseinandersetzen: er muß innerlich tätig werden", wobei imaginative Repräsentationen oder Wahrnehmungsvorstellungen aufgebaut werden. Sie dienen als Konstituenten für 'das begriffliche Netzwerk der chemischen Theorie.' Für HEEGE (1981 S.142 ff) ist die Bündelung und Verknüpfung von bildhaften Vorstellungen eine Voraussetzung für begriffliches Denken. "Erst in einem vorab erschlossenen Bereich ausdrücklicher (reflektierter) Vorstellungen kann und muß die Orientierung durch explizite Logik helfen. ... Es ist darum sinnlos, bildhaftes Vorstellen und logisch-diskursives Denken gegeneinander ausspielen zu wollen (indem z.B. der logisch-definierende Aspekt physikalischer Inhalte überbewertet wird)." Es bedarf der Einbeziehung bildhafter Vorstellungen und einer 'gleichnishaften Bildersprache' bei der Problemlösung. "Dieser Prozeß bedeutet keineswegs eine Art intellektueller Metamorphose - sozusagen 'vom Bild zum Begriff'!" Stattdessen bedarf es einer Offenheit "für neue Erfahrungen, die mit Hilfe der alten verarbeitet werden sollen; offen aber auch für die Sichtweise - nämlich in dem Sinne, daß ein wechselseitiger Lernprozeß möglich wird zwischen dem Wahrnehmen der Fülle der Realität und dem in ihr verborgenen, impliziten physikalischen Strukturen." (HEEGE 1977 S.81 ff)

Es fällt auf, daß alle diese Autoren deutlich den Medien- und Strukturierungsaspekt des Denkens voneinander trennen. Möglicherweise ist das eine Voraussetzung, um bildhafte Vorstellungen als bedeutsame Einheiten der Informationsverarbeitung betrachten zu können.

2.3 VORSTELLUNGEN ALS UNTERSUCHUNGSGEGENSTAND

2.3.1 Bisherige Untersuchungen

2.3.1.1 Arbeiten im Bereich der Psychologie

In der Folge PAIVIOS wurden eine Vielzahl von Untersuchungen durchgeführt, die als theoretische Grundlage die duale Kodierung annahmen, sie zu stützen bzw. weiterzuentwickeln suchten (vgl. u.a. DENIS 1982, KIERAS 1978, KOSSLYN 1980). Im Mittelpunkt steht dabei die Frage, ob bildhafte Vorstellungen einen wesentlichen Beitrag zur Informationsverarbeitung leisten. Die Lernleistungen wurden in der Regel über Wiedererkennenstests, cued recall oder free recall ermittelt. Dabei konnte vielfach belegt werden, daß *"Vorgänge der Informationsübermittlung und -speicherung wesentlich erleichtert werden, wenn bildhafte oder bildunterstützende Äußerungsformen oder "Materialien" verwendet werden."* (WIPPICH 1984 S.136) Dabei wird die Bildung von Vorstellungen ermöglicht, die explikative Funktionen ausüben können.

Im Rahmen der 'imagery'-Forschung stellt sich die Frage, ob der Prozeß der Verarbeitung eines Vorstellungsbildes dem der Verarbeitung eines direkt wahrgenommenen Perzeptes entspricht. Diesen Untersuchungen liegen Reaktionszeitmessungen zugrunde. KOSSLYN et al. (1978) konnten zeigen, daß der Zeitaufwand zum gedanklichen Durchlaufen einer bildhaft vorgestellten Wegstrecke proportional deren Länge ist. In Untersuchungen zur mentalen Rotation wiesen METZLER & SHEPARD (1974) sowie COOPER & SHEPARD (1978) nach, daß das gedankliche Drehen eines vorgestellten Bildes in Abhängigkeit von seinem Auslenkungswinkel steht. Weitere Untersuchungen zur räumlichen Komponente von Vorstellungsbildern haben u.a. BADDELEY (1979) und STEINER (1980) durchgeführt. Diese Ergebnisse sowie die Studien von MOYER (1973) und KOSSLYN (1975), bei denen Größenschätzungen anhand von Vorstellungsbildern vorgenommen werden mußten, zeigen, daß dabei analog repräsentierte Informationen verarbeitet werden.

Neben der Untersuchung von Bildmaterial wurden in vergleichbaren Studien auch einzelne Begriffe (vgl. u.a. VON EYE & KRAMPEN 1981, VON EYE & KRAMPEN 1983, MECKLENBRÄUKER 1984, KRAMPEN et al. 1990), Sätze (vgl. u.a. WESTERMANN & HAGER 1984, HAGER 1985) sowie Texte (vgl. u.a. HINDER 1983, THIEL & VON EYE 1986, MATTENKLOTT & REIFENBERGER 1990) einbezogen. Dazu wurde die Ausprägung der Bildhaftigkeit des Versuchsmaterials mittels Ratingverfahren erhoben. (vgl. u.a. BASCHEK et al. 1977, WIPPICH & BREDENKAMP 1977, OFFE et al. 1981, HAGER 1985) Neben der Bildhaftigkeit wurden dabei auch die Konkretheit/Abstraktheit und die Bedeutungshaltigkeit der Wörter beurteilt. Dabei treten sehr hohe Korrelationen zwischen den Einschätzungen der Bildhaftigkeit und der Konkretheit/Abstraktheit sowie mittlere bis hohe Korrelationen zwischen diesen beiden Eigenschaften und der Bedeutungshaltigkeit auf. Die Konkretheit/Abstraktheit tritt in den angeführten Untersuchungen daher stets in Kombination mit anderen Bedingungen als unabhängige Variable auf. Als abhängige Variablen wurden z.b. die Instruktion (einprägen/vorstellen), die Verarbeitungstiefe (oberflächlich/tief), die Lernstrategie (intentional/inzidentell) oder der Satzbau (relational/beschreibend) untersucht. Dabei kann fast immer ein Konkretheitseffekt festgestellt werden, d.h. konkretes Wortmaterial wird besser erinnert als abstraktes. Das belegt eine mehrfache Kodierung von Informationselementen, die neben einem semantischen Zugang auch über eine sensorische Verknüpfung verfügen. Damit ist die grundlegende Bedeutung der Vorstellungsforschung hinreichend herausgestellt.

Ein weiteres Forschungsfeld, das in Beziehung zur grundlagenorientierten Vorstellungsforschung steht, ist die anwendungsorientierte Bildforschung. Auch hier wird hervorgehoben, daß sich bildhaftes Material positiv auf die Lernleistung auswirkt. Eine Übersicht der bisherigen Untersuchungen in diesem Bereich bieten u.a. ISSING & HANNEMANN (1983); WILLOWS & HOUGHTON (1987); WEIDENMANN (1988). Dennoch wird auch für den Bereich der Bildforschung eine vergleichbare Forderung, wie die von WIPPICH & BREDENKAMP gestellt. WEIDENMANN (1990 S.62) konstatiert: *"Die Lehr-Lern-Forschung hat sich bislang mit ... Medien ... vorwiegend produktorientiert auseinandergesetzt"*, so *"wissen wir heute zwar, daß Medien Wissenserwerb fördern können, aber es fehlt an empirischen Untersuchungen dazu, auf welche Weise diese Wirkung zustande kommt."*

2.3.1.2 Arbeiten im Bereich der Naturwissenschaftsdidaktik

Untersuchungen im Bereich der Naturwissenschaftsdidaktik, die die Theorien der Vorstellungsforschung explizit aufgreifen, gibt es nur wenige. HOWE & VASU (1988) sowie VASU & HOWE (1989) haben mit Primarstufenschülern Themen zur Biologie bearbeitet. Sie kommen zu dem Ergebnis, daß durch die Produktion von Vorstellungsbildern deutliche Lernerfolge erzielt werden können, die durch eine Versprachlichung des Vorgestellten noch erweitert werden. Sie fordern daher, die Fähigkeit der Schüler, bildhafte Vorstellung auszubilden und bei Problemlösungen einzusetzen, als wesentliches Ziel des naturwissenschaftlichen Unterrichts anzuerkennen. KLIEME & RÜPPELL (1983) haben mit Mittelstufenschülern Interview-Tests zum Bruchrechnen durchgeführt, in denen sich verbal-begriffliche sowie zeichnerische Lösungsansätze ergänzen sollten. Sie kommen zu dem Ergebnis, daß isoliertes bildliches Vorstellen ohne adäquate verbal-begriffliche Prozesse nicht alle notwendigen Schemaanwendungen garantieren kann. Wohl aber kann durch bildliche Vorlagen das Denken stimuliert werden, was seinerseits begriffliche Schemata aktiviert und in Problemsituationen derart das begriffliche Denken unterstützt. Im Bereich der Chemie haben KLEINMANN et al. (1987) Assoziationstests mit Chemiestudenten durchgeführt, die unterschiedliche Studienzeiten absolviert hatten. Sie kategorisieren die Antworten und stellen ein Fortschreiten fest, *"in the degree of image abstraction that occurs as a person becomes more experienced with a chemical concept."* Für den Unterricht ist ihrer Meinung nach zu Bedenken, daß das Verständnis der Schüler davon abhängt, ob sie sich geeignete Vorstellungen über chemische Inhalte machen.

Bilder, Anschauungsmodelle oder Handlungsmöglichkeiten sind in vielfältigster Weise Untersuchungsgegenstand. Gerade im Bereich der Problemlöseforschung bieten sie oftmals die Grundlage für Problemsituationen. Physikalische Probleme wurden dazu häufig auch von Psychologen herangezogen. (vgl. u.a. CHI et al. 1981, 1982, GENTNER & GENTNER 1983, LARKIN 1983, ANZAI & YOKOYAMA 1984)

Im Bereich der Chemie werden solche Materialien häufig eingesetzt, um das Problem der Teilchenhaftigkeit von Stoffen zu bearbeiten. NOVICK & NUSSBAUM (1981), GABEL (1987), JANIUK (1991) u.a. haben über Zeichnungen eine Reihe von Mißverständnissen bei Schülern verschiedener Altersstufen aufdecken können. BARKE (1982), KÖRNER (1988), STACHELSCHEID (1990), COHEN & BEN-ZVI (1992) u.a. haben im Unterricht systematisch verschiedene Materialien eingesetzt und sind zu dem Ergebnis gekommen, daß das Lernen chemischer Inhalte durch anschauliche Materialien unterstützt wird.

Einen anderen Schwerpunkt setzen die Studien von PALLRAND & SEEBER (1984) aus dem Bereich Physik sowie CARTER et al. (1987), PRIBYL & BODNER (1987) aus dem Bereich Chemie. Sie haben untersucht, ob Beziehungen zwischen der Fähigkeit von Schülern, sich räumliche Vorstellungen zu machen, und ihren Leistungen im naturwissenschaftlichen Unterricht bestehen. Die Ergebnisse weisen alle einen positiven Zusammenhang aus.

Die Arbeiten von SCHMIDKUNZ (1983, 1992) beschäftigen sich wiederum in völlig anderer Weise mit Bildern bzw. visuellen Wahrnehmungen. In Anlehnung an die Arbeiten von ARNHEIM (1972), METZGER (1975) und anderen Gestaltpsychologen zeigen sie, daß die Beachtung der Gestaltgesetze beim Aufbau chemischer Experimente die Wahrnehmung wesentlicher Informationen erleichtert.

Die Frage nach der Funktion des Anschauungsgegenstandes, indem durch seine Wahrnehmung ausgelösten Verarbeitungsprozeß, stand jedoch bei keiner der zuletzt genannten Untersuchungen zur Diskussion. Zudem beschränken sich diese Arbeiten überwiegend auf die Auswertung von Tests unterschiedlicher Modalitäten, die letztlich zur Überprüfung der Schülerleistungen dienen. Offene Befragungen, die darüber hinausgehend die Meinung der Schüler zur angesprochenen Thematik erfassen, werden nicht vorgenommen. INGHAM et al. (1991 S.201) haben in ihrer Studie über Anschauungsmodelle und daraus abzuleitende Denkmodelle, diese Aspekte aufzugreifen versucht. Sie fassen abschließend zusammen: *"If the declared importance of models in the development of chemical skills is accepted, then oral examination based around the type of interview used here would be of use in testing chemical understanding and skills. In this way a greater coherence would be achieved between the aims of chemical education at higher education level, the teaching strategies adopted and the assessment techniques used."*

2.3.2 Konzeption dieser Arbeit

Die bisherigen Ausführungen weisen darauf hin, daß bildhafte Vorstellungen bedeutende Elemente bei der Informationsverarbeitung darstellen. Diese Arbeit soll einen Zugang schaffen, um diesen Aspekt innerhalb der Chemiedidaktik aufzugreifen und weiter zu verfolgen. Dabei soll die Meinung der Lernenden erfaßt werden und Grundlage der Betrachtung sein. Welche Bedeutung haben also bildhafte Vorstellungen im Bereich der Chemie für den Lernenden?

Im Chemieunterricht werden makroskopisch wahrnehmbare Sachverhalte untersucht und dargestellt. Ihre vollständige Erklärung gelingt jedoch nur dann, wenn man Entitäten auf einer submikroskopischen Ebene annimmt, die mit den Sinnen nicht wahrgenommen werden können. Es ist daher zunächst interessant, welche Begriffe bei den Lernenden überhaupt ein Vorstellungsbild auslösen. Diese Frage ist Gegenstand des ersten Untersuchungsabschnitts. Hier sollen die Probanden auf einer Ratingskala angeben, ob und wie gut sie zu verschiedenen Begriffen der Chemie ein Vorstellungsbild generieren können. Da die Untersuchungen in der Psychologie einen engen Zusammenhang zwischen der Vorstellbarkeit von Informationen und ihrer Konkretheit nahelegen, soll auch diese Begriffseigenschaft beurteilt werden. Darüber hinaus sollen auch die Bedeutungshaltigkeit und Verständlichkeit der Begriffe eingeschätzt werden, um Beziehungen zwischen allen Eigenschaften ermitteln zu können. Die Daten des ersten Untersuchungsabschnitts werden einer quantitativen Analyse unterzogen.

Sowohl in den psychologischen Untersuchungen als auch in der Naturwissenschaftsdidaktik wird Konkretheit weitgehend mit Wahrnehmbarkeit bzw. Anschaulichkeit gleichgesetzt. Das macht Konkretheit von Dinglichkeit und sensorischer Erfaßbarkeit abhängig. Gerade in der Chemie bereitet diese Auffassung Schwierigkeiten. Atome können sinnlich nicht erfaßt werden, aber sie sind es, die die Dinge unserer sinnlich erfahrbaren Umgebung bilden. Wie die Lernenden diese Situation auffassen, und welche Beziehungen zur Bildhaftigkeit dabei auftreten, ist im zweiten Untersuchungsabschnitt von Interesse. Die Probanden sollen dazu ihr auf der Ratingskala abgegebenes Urteil schriftlich begründen. Die Angaben werden qualitativ ausgewertet.

Im dritten Untersuchungsabschnitt steht die Frage im Mittelpunkt, ob Lernende in Anwendungssituationen auf bildhafte Vorstellungen zurückgreifen. Es werden Interviews durchgeführt, in denen die Probanden zwei verschiedenen Situationen gegenübergestellt werden. Zunächst sollen sie ein chemisches Phänomen in einem sokratischen Gespräch mit dem Interviewer ausdeuten, um danach selber als Interviewer zu agieren. Sie sind also zuerst Lernender, der in einer Problemlösesituation steht. Danach übernehmen sie die Funktion des Lehrenden, der mittels verschiedener Materialien dem Lernenden die Problemlösung ermöglichen soll. In einem abschließenden Gespräch wird die Frage nach der Bedeutung von Bildern und Vorstellungen für den Lernprozeß erörtert.

3 QUANTITATIVE UNTERSUCHUNG ZUR BEURTEILUNG VON KONKRETHEIT, BILDHAFTIGKEIT, BEDEUTUNGSHALTIGKEIT UND VERSTÄNDLICHKEIT CHEMISCHER BEGRIFFE DURCH LERNENDE

3.1 UNTERSUCHUNGSDESIGN

3.1.1 Methode

Die Ermittlung grundlegender Zusammenhänge zwischen den Begriffseigenschaften Konkretheit, Bildhaftigkeit, Bedeutungshaltigkeit und subjektiver Verständlichkeit erfordert die Untersuchung zahlreicher Fachbegriffe. Die Betrachtung zu weniger Informationseinheiten würde das Ergebnis beeinträchtigen. Um repräsentative Angaben über die subjektive Beurteilung dieser Variablen machen zu können, darf auch die Probandenzahl nicht zu klein sein. Der Rahmen einer Fallstudie mit sehr wenigen Probanden reicht zur Beantwortung der aufgeworfenen Frage nicht aus. Diese Gesichtspunkte bestimmen auch die Auswahl der Untersuchungsmethode. Zeitaufwendige Verfahren wie das Laute Denken oder Interviews erlauben nur die Befragung einer begrenzten Personenzahl. Außerdem können nur wenige Begriffe angesprochen werden, da sonst eine sinnvolle Auswertung nicht mehr möglich ist. Diese Verfahren sind daher in diesem Fall ungeeignet. In offenen schriftlichen Befragungen, die einem Essaytest verwandt sind, muß die Zahl der zu behandelnden Aspekte ebenfalls relativ klein gehalten werden, weil die Bearbeitungszeit für die Probanden begrenzt ist. Geschlossene Befragungen oder multiple-choice-artige Leistungstestarten stehen dem Ziel der individuellen Meinungserfassung vollkommen entgegen. Demgegenüber wird ein Ratingverfahren den eingangs gestellten Forderungen gerecht. Die Beeinflussung der Beurteilung ist durch die alleinige Vorgabe einer Ausprägungsskala geringer als bei vielen anderen Testinstrumentarien.

In Untersuchungen mit vergleichbarem Kontext wurden verschiedene Skalierungsverfahren, überwiegend mehrstufige Ratingskalen, erfolgreich eingesetzt (PAIVIO et al. 1968, BASCHEK et al. 1977, WIPPICH & BREDENKAMP 1977, OFFE et al. 1981, KRAMPEN et al. 1990). Die Größenschätzmethode wurde u.a. von ELMES & THOMPSON (1976) verwendet, die sogenannte Intervallschätzung von HAGER et al. (1985). Untersuchungen, in denen die unterschiedlichen Skalierungsverfahren verglichen werden, weisen auf sehr hohe Übereinstimmungen zwischen den Ergebnissen hin. WESTERMANN & HAGER (1984) erhielten Korrelationen zwischen 0.95 und 0.98 beim Vergleich der Erhebungen mittels Kategorienskala, Größenschätzung und Intervallschätzung. Auch BORG et al. (1990 S.32) kommen bei einer Gegenüberstellung von fünf Skalen zu vergleichbaren Resultaten ($r = 0.87 - 0.98$) und erklären: *"Als Fazit kann man festhalten, daß ... sich insbeson-*

dere die Ratingmethode als eine in jeder Beziehung sehr ökonomische Vorgehensweise zur Konstruktion einer Skala anbietet."

Darüber hinaus erfüllen Ratingskalen im weitesten Sinne das für verschiedene statistische Operationen notwendige Intervallskalenniveau. WESTERMANN & HAGER (1983 S.112) kamen bei einer Untersuchung zum Skalenniveau der Einschätzung von Bildhaftigkeit zu dem Ergebnis, daß bei einer Zusammenfassung der erhobenen Beurteilungen *"die notwendigen Bedingungen für das Intervallskalenniveau als erfüllt betrachtet werden"* können. In einer Studie zur Überprüfung des Skalenniveaus von individuellen Einschätzungen konnte trotz strenger Kriterien die Intervallskalenannahme für einen überraschend hohen Anteil der Versuchsteilnehmer bestätigt werden. (vgl. WESTERMANN 1984)

NOBLE (1952) ermittelte die Bedeutungshaltigkeit von Begriffen mit Hilfe der Produktionsmethode. Die Versuchspersonen werden aufgefordert, zu einem vorgegebenen Begriff so viele direkte Assoziationen wie möglich aufzuschreiben. BASCHEK et al. (1977) setzten in einer Vorstudie für dasselbe Ziel eine Ratingskala ein. Dabei sollten die Probanden angeben, wie gut sie zu einem Begriff weitere Worte assoziieren können. Beim Vergleich der nach diesen beiden Methoden ermittelten Resultate, erhielten sie eine Korrelation von 0.81. Auch KRAMPEN et al. (1990 S.479) meinen: *"Die Ergebnisse des direkten Vergleichs der Methoden der Merkmalseinschätzung und des freien Assoziierens zur Erfassung der subjektiven Bedeutungshaltigkeit sprachlichen Materials sprechen zunächst für deren Kompatibilität."*

Die Polarität der Variablen wird in den angesprochenen Studien unterschiedlich beurteilt. Bildhaftigkeit und Bedeutungshaltigkeit werden in der Regel als unipolar betrachtet, d.h. es liegt eine Bewertungsklasse vor, die unterschiedlich ausgeprägt sein kann. Die Meinungen über die Polarität von Konkretheit/Abstraktheit und von Bewertungsfaktoren (evaluation; Valenz) gehen auseinander. Einige halten beispielsweise Konkretheit und Abstraktheit für zwei Bewertungsklassen, die sich diametral gegenüber stehen, wobei der Übergang fließend ist. (vgl. HAGER et al. 1985) GÜNTHER & GROEBEN (1978) verstehen Konkretheit und Abstraktheit als Pole einer kontinuierlichen Dimension, und auch alle anderen psychologischen Arbeiten der letzten Jahre benutzten dafür unipolare Skalen. Die Variable Verständlichkeit wird von ANDERSON (1968) ebenfalls als unipolar aufgefaßt. In dieser Untersuchung werden durchgängig unipolare siebenstufige Ratingskalen zur Erfassung der Begriffseigenschaften eingesetzt. Nur die beiden Endpunkte der Skalen werden beschrieben. Auf weitere Antwortvorgaben wird verzichtet, da sie das Bewertungsverhalten der Probanden beeinflußen können. (vgl. SCHWARZ et al. 1991)

Bei der Auswahl eines Verfahrens muß die Komplementarität von Präzision und Erfassungsbereich berücksichtigt werden. (vgl. WERTH 1991) Mit der ausgewählten Methode erhält man zwar relativ präzise Ergebnisse bezüglich der Frage, zwischen welchen Begriffen und zwischen welchen Begriffseigenschaften Beziehungen bestehen. Zur Beantwortung der Frage, welche Kriterien der Bewertung zugrunde liegen und worauf bestehende Zusammenhänge zurückzuführen sind, muß jedoch eine qualitative Befragung der Probanden angeschlossen werden.

3.1.2 Untersuchungsgruppen

An der Untersuchung nahmen insgesamt 311 Personen teil. Sie untergliedern sich in drei Probandengruppen und zwar 86 Schüler der 11. Jahrgangsstufe (allgemeinbildende Schule), 80 Studienanfänger des Faches Anglistik und 145 Studienanfänger des Faches Chemie. Das Verhältnis zwischen männlichen und weiblichen Untersuchungsteilnehmern war nahezu ausgeglichen. Es waren jedoch geringfügig mehr Chemiestudenten als Chemiestudentinnen beteiligt. Bei den Anglistikstudenten war das Verhältnis umgekehrt.[1]

An drei nordrhein-westfälischen Gymnasien wurden im Oktober/November 1990 die Schüler aus sechs Kursen mit unterschiedlichen Fachlehrern befragt. Die Studenten besuchen alle die Universität-GH Essen. Die Chemiestudenten sind Teilnehmer zweier Einführungsveranstaltungen. Die erste Untersuchung wurde ebenfalls im Oktober 1990 durchgeführt. Um Aussagen zur Stabilität der Angaben machen zu können, wurde einem Teil von ihnen das Untersuchungsmaterial im Januar 1991 ein weiteres Mal vorgelegt. Die Anglistikstudenten verteilen sich auf vier Kurse, die für das Grundstudium verpflichtend sind. Sie wurden alle im Oktober 1991 befragt.

Das Alter der jüngsten Versuchsteilnehmer betrug 17 Jahre. VON EYE et al. (1980) haben festgestellt, daß bei einer Einschätzung der semantischen Eigenschaften durch 17-18 jährige Schüler und über 20 jährige Versuchsteilnehmer (überwiegend Studenten) keine bedeutsamen Unterschiede auftreten. Damit brauchen bei einem Vergleich der Ergebnisse keine entwicklungspsychologischen Aspekte berücksichtigt werden. Auf die Erhebung detaillierter Angaben zur Person wurde verzichtet, da in den jeweiligen Untergruppen nur geringfügige Unterschiede in der Beurteilung zu erwarten sind. (vgl. SCHWIBBE et al. 1981; MÖLLER & HAGER 1991)

Zunächst wird überprüft, ob die Zusammenfassung der verschiedenen Kurse zu den drei Gruppen gerechtfertigt ist. Vergleichbar dem Vorgehen von OFFE et al. (1981), werden die Versuchspersonen jeder Gruppe nach dem Zufall in vier gleich starke Untergruppen geteilt. Dann wird für jeden Begriff hinsichtlich der vier zu beurteilenden Eigenschaften eine einfaktorielle Varianzanalyse über die vier Untergruppen hinweg durchgeführt.[2] Tabelle 1 gibt die Anteile signifikanter Varianz

---

[1] Wenn im folgenden für Personenbezeichnungen nur die männliche Substantivform gewählt wird, so geschieht das ohne Bezug auf das Geschlecht.
[2] Die statistischen Berechnungen wurden am Hochschulrechenzentrum der UGH Essen mit dem Statistikpaket SAS durchgeführt.

analysen differenziert nach den Angaben zu den vier Eigenschaften wieder. Die Werte der Untersuchung von OFFE et al., deren Signifikanzniveau nicht bekannt ist, sind zum Vergleich mit aufgenommen.

		K	B	M	V
Chemie-	$p<0.05$	19%	19%	9%	37%
studenten	$p<0.001$	9%	9%	0%	9%
Schüler	$p<0.05$	9%	9%	22%	13%
	$p<0.001$	0%	3%	9%	3%
Anglistik-	$p<0.05$	3%	3%	9%	0%
studenten	$p<0.001$	0%	0%	3%	0%
OFFE Gr.1		46%	29%	-	-
Gr.2		29%	21%	-	-

Tab. 1: Anteil signifikanter Varianzanalysen zur Bestimmung der Homogenität der Probandengruppen

Im Gegensatz zur Studie von OFFE et al. zeigt sich eine gute Übereinstimmung zwischen den Untergruppen. Bei den Anglistikstudenten ergibt nur insgesamt eine der 128 Analysen einen signifikanten Effekt auf dem 1% Niveau und vier Analysen einen Effekt auf dem 5% Niveau. Nur bei diesen Analysen kann die Hypothese, daß die Probanden der gebildeten Untergruppen die Begriffe ähnlich beurteilen, nicht aufrechterhalten werden. Bei den Anglistikstudenten herrscht das größte Maß an Übereinstimmung zwischen den gebildeten Untergruppen. Bei den Schülern zeigen von den 128 Varianzanalysen fünf auf dem 1% Niveau und 17 auf dem 5% Niveau Differenzen zwischen den Untergruppen und bei den Chemiestudenten sind es neun auf dem 1% Niveau bzw. 24 auf dem 5% Niveau. Die insgesamt niedrigen Werte zeigen, daß die Homogenität der Gruppen als gut bezeichnet werden kann. Nur vier Prozent der 384 durchgeführten Varianzanalysen ergeben einen signifikanten Effekt auf dem 1% Niveau und selbst auf dem 5% Niveau treten nur bei einem Achtel der Einschätzungen Differenzen in den Untergruppen auf. Bei OFFE et al. zeigte immerhin ein Drittel der Analysen bedeutsame Unterschiede.

Die Zusammenfassung der einzelnen Schulklassen bzw. Seminarkurse zu den drei Gruppen kann also ohne weiteres vorgenommen werden. Darüber hinaus werten OFFE et al. diese Analysen als Reliabilitätsmaß, das auf Basis der individuellen Angaben aller Teilnehmer erstellt wird. Unter diesem Gesichtspunkt kann die vorliegende Untersuchung als reliabel betrachtet werden.

3.1.3 Untersuchungsmaterial

32 Begriffe aus der Chemie, die in ihrer Ausprägung hinsichtlich der vier Eigenschaften verschieden sein sollten, dienen als Versuchsmaterial. Um diese nicht willkürlich auswählen zu müssen, wurde mit 62 Studenten der UGH Essen, die das Lehramt für Biologie, Biotechnik oder Chemie anstreben, eine Voruntersuchung durchgeführt. Sie wurden gebeten, jeweils einen Begriff aus der Chemie zu nennen, der für sie sehr konkret ist, ausgesprochen bildhaft ist, bzw. eine große Bedeutung innerhalb des Begriffssystems der Chemie hat. Außerdem sollten sie jeweils einen Begriff aufschreiben, dem sie die gegenteiligen Eigenschaften zuweisen. Die am häufigsten genannten Begriffe sind in Tabelle 2 zusammengestellt.

konkret	bildhaft	bedeutungsvoll
Aggregatzustand	Atom	Atombau
Element	Ionengitter	Bindung
Metall	Salz	Gleichgewicht
Salz	Säure	Reaktion
Säure	Titration	Redoxreaktion

abstrakt	nicht bildhaft	bedeutungslos
Enthalpie	Energie	Schrödinger-Gleichung
Entropie	Hybridisierung	
Orbital	Komplex	
Schrödinger Gl.	Orbital	

Tab. 2: Häufig genannte Begriffe des Vortests

Ein Großteil der häufig erwähnten Begriffe ist direkt in die Begriffsliste der Hauptuntersuchung übernommen worden. Die Begriffe Enthalpie, Entropie, Hybridisierung, Komplex und Schrödinger-Gleichung wurden nicht berücksichtigt, da auch Schüler an der Befragung teilnehmen, die diese Begriffe kaum kennen dürften. Obwohl dies wahrscheinlich auch für den Begriff Orbital gilt, wird er dennoch einbezogen, da er besonders häufig genannt wird. Statt des Begriffs Element werden einige Elementnamen in die Liste aufgenommen. Die endgültige Wortliste enthält folgende Begriffe: Ammoniak, Atom, Base, Bindung, Brom, Cadmium, Elektrolyse, Gleichgewicht, Indikator, Ionengitter, Kupfer, Metall, Mol, Natriumaluminiumsilikat, Neutralisation, Nichtmetall, Periodensystem, Polarität, Reaktion, Reaktionsgleichung, Redoxreaktion, Salz, Sauerstoff, Säure, Struktur, Strukturformel, Titration, Verbindung, Verbrennung. Einige dieser Begriffe werden in der Voruntersuchung nicht erwähnt, z.B. Ammoniak, Base, Brom, Cadmium, Elektrolyse, Indikator, Kupfer, Natriumaluminiumsilikat, Nichtmetall, Sauerstoff. Die Begriffe Base und Nichtmetall werden als Antagonisten der Begriffe Säure und Metall berücksichtigt. Die Elektrolyse kennzeichnet neben der Titration einen Versuchsablauf. Als

Beispiele für die in der Liste enthaltenen Stoffgruppen stehen Namen von bekannten und weniger bekannten Elementen bzw. Verbindungen. Die Begriffe Experiment, Periodensystem, Reaktionsgleichung und Strukturformel bezeichnen Hilfsmittel, um chemische Sachverhalte darstellen, erkennen und deuten zu können. Deshalb sind sie derart in den Lernprozeß eingebunden, daß auch eine Beurteilung dieser Begriffe von Interesse ist.

Die Begriffe werden in einer zufälligen Reihenfolge angeordnet, wobei im nachhinein antagonistische und sachverwandte Begriffe, die direkt nebeneinander plaziert waren, vertauscht wurden. Der Erhebungsbogen ist im Anhang I abgedruckt. Alle Versuchspersonen erhielten Bögen mit der gleichen Begriffsanordnung, da von KRAMPEN et al. (1990 S.463) für verschiedene Zufallsreihenfolgen der Wörter *"kein statistisch bedeutsamer Effekt der Begriffsreihenfolge festgestellt worden"* ist. Die Probanden bekamen für jede der zu beurteilenden Eigenschaften einen DIN-A4 Bogen, der sowohl die Wörter als auch die Beurteilungsskala enthielt. Die jeweils vier Bögen waren in zufälliger Reihenfolge hintereinandergeheftet.

3.1.4 Instruktion

Als Grundlage für die Erstellung der Arbeitsanweisung dienen die Instruktionen, die BASCHEK et al. (1977) sowie WESTERMANN & HAGER (1984) in ihren Untersuchungen verwendet haben. Bei der Anweisung zur Beurteilung der Konkretheit der Begriffe anhand der Ratingskala schreiben BASCHEK et al. (1977 S.358): *"Ein Wort, das sich auf Objekte oder Personen bezieht, sollte einen hohen Wert bekommen, also als konkret eingestuft werden. Ein Wort, das sich auf einen Begriff bezieht, der nicht durch die Sinne erfahren werden kann, sollte einen niedrigen Wert erhalten, also als abstrakt eingestuft werden."* In dieser Erklärung ist das Konkrete unmittelbar an eine direkte sinnliche Wahrnehmbarkeit gebunden. Dadurch wird die Differenzierung zwischen Konkretheit und Bildhaftigkeit erschwert. Es wird vorgezogen, keinen direkten Verweis auf die sinnliche Wahrnehmung zu machen. Stattdessen soll beurteilt werden, ob das Bezeichnete eher als gegenständlich, dinglich oder theoretisch, gedanklich aufgefaßt wird. Zudem wird auch die Anschaulichkeit in der Instruktion aufgegriffen, die eine sinnliche Wahrnehmung impliziert. Außerdem erscheint die Zahl der möglichen Assoziationen zu einem Stichwort nicht als das geeignete Maß für die Bedeutungshaltigkeit eines Begriffs. Die Bedeutsamkeit eines Wortes hängt nicht notwendigerweise davon ab, ob viele andere Begriffe damit verbunden werden. Zudem wird die Angabe bei solch einem Vorgehen stark durch die individuelle Wortgewandtheit beeinflußt. Daher wird in dieser Untersuchung auf den Stellenwert eines Wortes innerhalb des Fachs eingegangen.

Bei der Durchführung der Erhebungen hat der Testleiter zunächst sich und das Institut für Didaktik der Chemie vorgestellt und das Forschungsvorhaben kurz skizziert. Danach bekamen die Teilnehmer folgende Arbeitsanweisung:

"Sie erhalten eine Liste mit 32 Begriffen aus der Chemie, die Sie hinsichtlich vier verschiedener Eigenschaften beurteilen sollen. Dabei handelt es sich um die Konkretheit, Bildhaftigkeit, Bedeutungshaltigkeit und Verständlichkeit der Wörter. Sie sollen Ihre subjektive Meinung zu den Eigenschaften der aufgeführten Begriffe abgeben. Zur Beurteilung steht Ihnen jeweils eine Skala von eins bis sieben zur Verfügung, auf der Sie je nach Ausprägung der Begriffseigenschaft eine Ziffer ankreuzen. Eine niedrige Ziffer bedeutet immer einen geringen Ausprägungsgrad und eine hohe Ziffer einen starken. Beschränken Sie sich bei der Einschätzung nicht nur auf einen engen Zahlenbereich, sondern nutzen Sie die gesamte Skalenbreite von eins bis sieben. Die Bearbeitungsbögen sind alle gleich aufgebaut. Als Überschrift dient die Eigenschaft, deren Ausprägung Sie auf dem jeweiligen Blatt ankreuzen. Auf der linken Seite steht die Wortliste. Rechts neben jedem Begriff befindet sich die Beurteilungsskala, deren Endpunkte beschrieben sind. Im folgenden wird eine kurze Erläuterung zu den einzelnen Eigenschaften abgegeben.

Beim Abschätzen der Konkretheit soll beurteilt werden, inwieweit der Begriff etwas gegenständliches, dingliches, anschauliches bezeichnet. Trifft dies auf den Begriff in hohem Maße zu, so ist er mit einer hohen Ziffer zu versehen. Wenn Sie das, was der Begriff bezeichnet, jedoch für etwas theoretisches, gedankliches, unanschauliches halten, das keinen unmittelbaren Bezug zur Realität hat, so ist er als abstrakt zu bezeichnen, und es wird ihm eine niedrige Ziffer auf der Skala zugewiesen.

Bei der Bildhaftigkeit ist anzugeben, ob Sie eine visuelle Vorstellung von dem haben, was der Begriff beschreibt, ob Sie es quasi vor Ihren Augen sehen. Wenn wir von Bananen sprechen, so hat wohl jeder von uns das Bild einer gelben, stabförmigen, halbrund gebogenen Frucht gegenwärtig. Können Sie sich sehr schnell solch ein deutliches, prägnantes Bild machen, dann soll der Begriff hoch bewertet werden. Dauert es lange bis Sie solch ein Bild entwickelt haben oder ist dieses nur eine sehr vage Vorstellung, so sollte die Ziffer kleiner sein. Wenn Sie sich gar kein Bild von dem Begriff machen können, muß dies mit 1 bewertet werden.

Das Urteil über die Verständlichkeit der Begriffe soll anhand des allgemeinen Gebrauchs durch Sie persönlich festgemacht werden. Dabei soll einfließen, ob es Ihnen leicht gefallen ist, den Sinn dieses Begriffs zu erfassen, ob er eindeutig für Sie ist und sinnvoll für Erklärungen genutzt werden kann. Ist dies der Fall, bekommt er eine hohe Bewertung. Halten Sie ihn hingegen für schwer zu lernen, finden Sie das Bezeichnete eher uneindeutig und mißverständlich, und verwenden Sie den Begriff nur sehr ungern, so versehen Sie ihn mit einer kleinen Ziffer.

Bei der Bedeutungshaltigkeit sollen Sie beurteilen, welchen Stellenwert Sie dem Begriff im Gesamtzusammenhang der Chemie zuweisen. Wenn Sie meinen, daß einem Begriff eine große Bedeutung beizumessen ist, da er sowohl allgemein als auch für das Verständnis der Chemie wichtig ist, dann bewerten Sie ihn hoch. Spielt er für Sie hingegen eine untergeordnete Rolle in der Chemie und kann man auf ihn für ein allgemeines Verständnis ihrer Meinung nach verzichten, so ist er als unbedeutend zu bewerten.

Zusammenfassend soll noch einmal aufgeführt werden, was bei den einzelnen Eigenschaften zu beurteilen ist. Ihre persönliche Meinung ist dabei ausschlaggebend. Als konkret wird ein Begriff eingestuft, wenn er etwas dingliches, anschauliches mit direktem Bezug zur Realität bezeichnet, als abstrakt, wenn er von gedanklicher, theoretischer Natur ist. Bildhaft ist er, wenn Sie sich darunter direkt visuell etwas vorstellen können. Ist ein Begriff verständlich, so sollte es Ihnen leicht fallen, diesen Begriff zu lernen und sinnvoll mit ihm umzugehen. Von großer Bedeutung ist er dann, wenn ihm Ihrer Meinung nach ein hoher Stellenwert in der Chemie zukommt."

Die Bearbeitungszeit beträgt für diesen Testteil ca. 20 Minuten. Sie ist jedoch den Bedürfnissen der Probandengruppe anzupassen.

3.1.5 Hypothesen

1. Aufgrund der unterschiedlichen Vorbildung und Interessen werden Unterschiede bei der Bewertung der Eigenschaften durch die drei Probandengruppen festzustellen sein.

2. Es besteht ein deutlicher Zusammenhang zwischen Konkretheit und Bildhaftigkeit der Begriffe.

3. Bildhaftigkeit und Verständlichkeit korrelieren miteinander, wenn Vorstellungen einen Einfluß auf die Informationsverarbeitung haben.

4. Konkretheit und Verständlichkeit korrelieren miteinander, wenn Bildhaftigkeit sowohl mit Konkretheit als auch mit Verständlichkeit in Zusammenhang steht.

5. Die Bedeutungshaltigkeit steht in weniger engen Beziehungen zu den vorgennanten Eigenschaften.

6. Inhaltliche Gemeinsamkeiten von Begriffen führen zu einer ähnlichen Bewertung dieser Begriffe.

7. Begriffe, die sinnlich wahrnehmbare Entitäten beschreiben, unterliegen einer anderen Bewertung als Begriffe, die sinnlich nicht wahrnehmbare Entitäten bezeichnen.

3.2 ERGEBNISSE

Insgesamt werden die Tests von 281 Personen ausgewertet. Die Angaben von sechs Anglistikstudenten (A), sechs Schülern und 18 Chemiestudenten (C) können nicht bearbeitet werden. Viele dieser Probanden, vor allem Chemiestudenten, beurteilen alle Begriffe gleich hoch. Andere Teilnehmer füllen die Testbögen nur sehr bruchstückhaft aus. Diese Arbeitsweisen zeigen eine unzureichende Akzeptanz oder Beschäftigung mit der Problematik bzw. der Erhebung, was den Ausschluß der Daten erforderlich macht. Einige Testbögen werden aber auch wegen inhaltlicher Unstimmigkeiten aussortiert. So kommt es bei einem Probanden vor, daß er Konkretheit, Bildhaftigkeit und Bedeutungshaltigkeit von Natriumaluminiumsilikat ausgesprochen hoch bewertet (7), obwohl er ihn gleichzeitig als unverständlich (1) einstuft.[3] Da anzunehmen ist, daß er den Begriff gar nicht kennt, ist die letzte Bewertung wohl richtig. Sie ist jedoch überhaupt nicht mit den anderen Angaben in Einklang zu bringen. Nicht ganz so ausgeprägt trifft dies bei ihm auch auf die Begriffe Orbital und Polarität zu. Bei einigen Teilnehmern fällt auf, daß sie einige Begriffe, die den submikroskopischen Bereich beschreiben, sehr hoch und andere niedrig bewerten. Gleichzeitig trifft dies auch auf Begriffe zu, die als Stoffportion bekannt und direkt wahrnehmbar sind. So beurteilt z.B. ein Proband Salz, Reaktion und Polarität als sehr konkret, aber Kupfer, Redoxreaktion und Gleichgewicht als eher abstrakt. Fragebögen mit derartigen Angaben werden ebenfalls nicht ausgewertet.

3.2.1 Mittelwerte und Standardabweichungen

Die Mittelwerte und Standardabweichungen der Ratings für die Konkretheit (K), Bildhaftigkeit (B), Bedeutungshaltigkeit (M) und Verständlichkeit (V) der 32 Begriffe sind getrennt nach den drei Probandengruppen im Anhang II aufgeführt. Die Mittelwerte sind alle relativ hoch. Bei einigen Begriffen sind sie sehr viel höher als erwartet. Z.B. wird die Bindung mit Werten zwischen 4.3 (A) und 5.0 (C) ebenso wie das Atom mit 4.4 (A) bis 5.3 (Schüler) als überwiegend konkret eingestuft. In einem anderen Zusammenhang konnten KLAETSCH & SCHMIDKUNZ (1992) ähnliche Ergebnisse verzeichnen. Ausgesprochen niedrige Bewertungen werden nur von den Schülern und Anglistikstudenten zu den Begriffen Natriumaluminiumsilikat, Orbital und Titration abgegeben. Sie sind wahrscheinlich einem großen Teil dieser Probanden nicht bekannt. Mehrere Schüler vermerken dies auf dem Fragebogen und eine Reihe der Probanden gibt zu diesen Wörtern kein Urteil ab. Das läßt darüber hinaus erkennen, daß ehrliche Angaben gemacht wurden und keine vorsätzlich hohen oder absichtlich falschen Bewertungen erfolgten. Die Chemiestudenten bewerten neben Natriumaluminiumsilikat und Orbital den Begriff Energie am niedrigsten. Er ist neben den Begriffen Metall, Nichtmetall und Salz der einzige, der von den Schülern insgesamt höher beurteilt wird als von den Chemiestudenten. Die auftretenden Differenzen sind bei der Eigenschaft Bildhaftigkeit am größten. Diese Variable wird darüber hinaus von den Schülern auch bei den Begriffen Kupfer, Säure und Verbrennung höher bewertet. Diese Begriffe bezeichnen aus dem Alltag bekannte Erscheinungen. Hier machen sich erste qualitative Unterschiede bemerkbar.

---

3 Die eingeklammerten Ziffern geben die Bewertung des Begriffs anhand der Ratingskala an.

In Tabelle 3 sind die Anteile von den 32 Mittelwerten der Begriffsbeurteilungen wiedergegeben, die auf die einzelnen Stufen der Skala entfallen. Dort sind zum Vergleich zusätzlich die Ergebnisse einer Befragung mit Alltagsbegriffen von BASCHEK et al. (1977) aufgenommen.

	Chemiestudenten				Schüler				Anglistikstudenten				BASCHEK		
m	K	B	M	V	K	B	M	V	K	B	M	V	K	B	M
1-1.9	-	-	-	-	6	9	-	9	-	6	-	-	<1	-	<1
2-2.9	-	-	-	-	9	9	9	3	9	13	-	9	12	5	32
3-3.9	9	9	6	6	17	23	9	15	19	25	16	13	35	34	30
4-4.9	19	38	10	13	21	16	26	17	50	34	34	19	17	19	27
5-5.9	69	44	50	69	41	31	41	32	19	13	41	46	13	17	11
6-7.0	3	9	34	13	6	16	17	24	3	9	9	13	23	25	<1

Tab. 3: Prozentualer Anteil der Mittelwerte auf den Skalenstufen

Interessant ist die Gegenüberstellung der Einschätzungen von Fachbegriffen und Alltagsbegriffen. Nur wenige der chemischen Begriffe werden im Mittel als sehr konkret (zwischen 6.0 und 7.0) eingeschätzt. Darunter fällt z.B. der Begriff Metall, der durchaus als Alltagsbegriff verstanden werden kann. Auch BASCHEK et al. haben ihn beurteilen lassen und kommen mit einem Mittelwert von 6.1 zu einem nahezu identischen Ergebnis. Bei den Alltagsbegriffen fallen fast ein Viertel aller Beurteilungen in diese Kategorie. In den beiden darunterliegenden Kategorien ist jedoch der Anteil bei den Fachbegriffen höher. Eine Einstufung unterhalb der Skalenmitte findet häufiger bei den Alltagsbegriffen statt. Bei der Einschätzung der Bildhaftigkeit ist ein vergleichbares Profil zu verzeichnen. Dagegen wird die Bedeutungshaltigkeit gänzlich anders beurteilt. Kaum ein Alltagsbegriff wird als sehr bedeutsam bewertet, während von den chemischen Begriffen im Durchschnitt ein Fünftel in diese Kategorie fällt. Als Grund muß u.a. die Abänderung der Testinstruktion in Betracht gezogen werden. Es wurde nämlich auf die Möglichkeit der Assoziation von weiteren Informationseinheiten zu einem Begriff als Maß für dessen Bedeutungshaltigkeit verzichtet. Stattdessen wurde sein Stellenwert im Begriffssystem und seine Notwendigkeit für das Verständnis der Chemie in den Vordergrund gestellt. Zudem werden in der Instruktion Bezugspunkte für die Bewertung der Bedeutungshaltigkeit angegeben. Diese Vorgabe erleichtert eine klare, d.h. von der Mitte deutlich unterscheidbare Bewertung, die in diesem Fall deutlich positiv ist. Es fällt jedoch auf, daß gerade die Einschätzung der Bedeutungshaltigkeit der insgesamt (alle Variablen) niedrig bewerteten Begriffe deutlich höher liegt als die Einschätzung der anderen Eigenschaften. (siehe Anhang II) Möglicherweise spiegelt sich hier die Meinung wider, daß eine Fachsprache nur wenige unbedeutende Begriffe aufweist. Nicht zuletzt muß gerade an dieser Stelle berücksichtigt werden, daß sich die Probanden möglicherweise auch an den vermeintlichen Erwartungen des Versuchsleiters orientiert haben könnten.

Die Standardabweichungen, die bei der Bewertung der einzelnen Begriffe auftreten, sind teilweise recht hoch. (siehe Anhang II) Bei der Einschätzung der Konkretheit treten gehäuft, vor allem bei den Schülern und Anglistikstudenten, Werte von über 2.0 auf, d. h. diese Begriffe werden von den Probanden sehr heterogen bewertet. Für die Begriffe Atom und Energie trifft dies in allen drei Teilnehmergruppen zu. Sie erhalten dadurch schon eine deutliche Charakterisierung. Es ist tatsächlich schwierig, ein eindeutiges Urteil über die Konkretheit der Begriffe zu fällen. BUCK (1979) bezeichnet das Atom als abstrakte Realität. Es bleibt zu fragen, ob er damit die Konkretheit auf der Skala mit eins oder sieben angeben würde. Die Standardabweichungen bei den Beurteilungen der Bedeutungshaltigkeit sind niedriger. Den Stellenwert der Begriffe im Kontext Chemie schätzen die Probanden also viel homogener ein. (vgl. letzten Absatz)

Aus den 32 einzelnen Werten werden für jede Eigenschaft ein Gesamtmittelwert und die Standardabweichung bestimmt. Sie sind in Tabelle 4 zusammengefaßt.

	Chemiestudenten		Schüler		Anglistikstudenten		BASCHEK et al.	
	m	s	m	s	m	s	m	s
K	5.11	0.62	4.46	1.21	4.43	0.88	4.71	1.23
B	5.00	0.79	4.41	1.41	4.14	1.28	4.45	1.35
M	5.39	0.75	4.92	1.07	4.90	0.84	3.67	0.95
V	5.40	0.60	4.71	1.35	4.83	1.12	-	-

Tab. 4: Gesamtmittelwerte und Standardabweichungen für die Variablen K, B, M, V

Die durchschnittliche Beurteilung der Eigenschaften von Fachbegriffen ist mit denen von Alltagsbegriffen (BASCHEK et al.) nahezu vergleichbar. Die Mittelwerte liegen alle über dem Skalenmittelpunkt, d.h. die Eigenschaften werden alle tendenziell positiv eingestuft. Dies ist zwar häufig bei der Bewertung durch Skalen zu beobachten (vgl. WERTH 1991), wurde in bezug auf die Fachbegriffe jedoch nicht erwartet.

Es wird deutlich, daß die Chemiestudenten alle Eigenschaften positiver ausgeprägt empfinden als die beiden anderen Probandengruppen. Dies ist zu erwarten, da sich diese Versuchsteilnehmer beruflich mit den Begriffen auseinandersetzen. Die auffallend niedrige Standardabweichung zeigt zudem, daß in dieser Gruppe alle Begriffe im Mittel sehr einheitlich bewertet werden. Die mittleren Standardabweichungen sind bei den anderen Gruppen ebenfalls nicht übermäßig hoch.

3.2.2 Reliabilität und Stabilität

Die Reliabilität der mittleren Einschätzungen wird in Anlehnung an die Arbeiten von PAIVIO et al. (1968) und BASCHEK et al. (1977) mittels der Split-Half Methode bestimmt. (Tab. 5) Dazu werden die einzelnen Gruppen zufällig in zwei gleichstarke Untergruppen geteilt. Die für jede der Untergruppen bestimmten Mittelwerte werden miteinander korreliert.

	K	B	M	V
Chemiestudenten	0.86	0.95	0.98	0.92
Schüler	0.90	0.91	0.82	0.90
Anglistikstudenten	0.84	0.92	0.89	0.91
BASCHEK et al.	0.93	0.95	0.90	-

Tab. 5:   Reliabilitätskoeffizienten

Die Reliabilitätswerte um 0.9 deuten auf eine sehr hohe Übereinstimmung der Einschätzungen innerhab der Untergruppen hin. Die Koeffizienten sind vergleichbar mit denen aus anderen Untersuchungen.

Die Stabilität der Einschätzungen wird durch einen Retest ermittelt. Dieser wird mit den Chemiestudenten 10 Wochen nach der ersten Befragung durchgeführt. Um diesen Test nicht zu zeitaufwendig werden zu lassen, werden nicht mehr alle Begriffe vorgegeben. Auch die Beurteilungsvariablen werden auf die Eigenschaften Konkretheit und Bildhaftigkeit beschränkt. Die Korrelation der Einstufungen zwischen Test und Retest beträgt bei der Eigenschaft Konkretheit 0.89 und bei Bildhaftigkeit 0.91. Sie genügen vollkommen den Erwartungen von LIENERT (1969), der für Retest-Reliabilitäten Werte von mindestens 0.8 fordert. Damit sind die Einschätzungen, vor allem unter Berücksichtigung des sehr langen Retestintervalls, im Mittel überaus stabil.

3.2.3 Auswertung der Zusammenhänge zwischen den Eigenschaften anhand der Mittelwerte

3.2.3.1 Unterschiede zwischen den Probandengruppen

Aufgrund der unterschiedlichen Vorbildung und Interessen werden Unterschiede bei der Bewertung der Eigenschaften durch die drei Probandengruppen erwartet. Zur Überprüfung werden jeweils mit den Angaben der vier Beurteilungsvariablen einfaktorielle Varianzanalysen über die Gruppen hinweg gerechnet. Dazu werden zunächst die Mittelwerte der Begriffe eingesetzt. Intervallskalenqualität vorausgesetzt, muß dazu die Normalverteilung und Varianzhomogenität der Werte kontrolliert werden. Zur Prüfung der Normalverteilung wird der W-Test nach SHAPIRO & WILK (1965) durchgeführt. Die Varianzhomogenität wird mit dem COCHRAN-Test bestimmt. (vgl. CLAUß & EBNER 1985). Die Ergebnisse, die im einzelnen im

Anhang III aufgeführt sind, zeigen eine weitgehende Erfüllung der Bedingungen. Lediglich die Einschätzung der Verständlichkeit durch die Chemiestudenten weist nennenswerte Unregelmäßigkeiten auf. Dies ist allerdings durchaus einsichtig, da von dieser Probandengruppe zu erwarten ist, daß sie die Verständlichkeit aller aufgeführten Begriffe als übernormal hoch beurteilt.

Die Ergebnisse der Varianzanalysen (Tab. 6) zeigen, daß die Gruppen die aufgeführten Begriffe hinsichtlich der Eigenschaften Konkretheit, Bildhaftigkeit und Verständlichkeit signifikant unterschiedlich bewerten. Allerdings ist die Effektstärke nicht sehr hoch, d.h. es wird ein kleiner Teil der Varianz durch die Unterscheidung in die drei Gruppen erklärt. Bei der Bedeutungshaltigkeit wird der kritische F-Wert von 3.10 nur knapp verfehlt. Der anschließend durchgeführte DUNCAN-Test (Tab. 7) weist zusätzlich darauf hin, zwischen welchen Gruppen Abweichungen auftreten.

Beurteilungs-variable	Varianz-quelle	QS	df	F	p
Konkretheit	Gruppen	9.44	2	5.37	0.006
	Fehler	91.19	93		
Bildhaftigkeit	Gruppen	12.23	2	4.29	0.017
	Fehler	144.74	93		
Bedeutungs-haltigkeit	Gruppen	4.82	2	2.99	0.055
	Fehler	79.73	93		
Verständ-lichkeit	Gruppen	8.79	2	3.84	0.025
	Fehler	115.17	93		

Tab. 6: Varianzanalyse zur Gruppendifferenzierung anhand der Mittelwerte[4]

	K	B	M	V
Chem./Ang.	*	*	*	*
Schüler /Ang.	n.s.	n.s.	n.s.	ns
Schüler /Chem.	*	n.s.	*	*

Tab. 7: Lokationsvergleich zwischen den Gruppen nach DUNCAN
p<0.05 * = signifikante Unterschiede   n.s. = nicht signifikant

Danach unterscheiden sich die Chemiestudenten deutlich von den beiden anderen Personenkreisen. Die Einschätzungen der Schüler und Anglistikstudenten sind hingegen statistisch nicht bedeutsam voneinander zu unterscheiden. Damit wird die

---

[4] QS = Quadratsumme der Abweichung
df = Zahl der Freiheitsgrade
F = F-Wert
p = Wahrscheinlichkeit

erste Hypothese nur zum Teil bestätigt. Dennoch wird an dieser Stelle von einem Zusammenschluß der beiden Gruppen abgesehen.

3.2.3.2 Interkorrelationen der Eigenschaften

Die Hypothesen zwei bis fünf (siehe Seite 26) betreffen Zusammenhänge zwischen den vier Eigenschaften Konkretheit, Bildhaftigkeit, Bedeutungshaltigkeit und Verständlichkeit. Die Beziehungen werden über die Ermittlung der Produkt-Moment-Korrelationskoeffizienten bestimmt. (Tab. 8)

	K-B	K-M	K-V	B-M	B-V	M-V
Chem.	0.82	0.27	0.86	0.52	0.83	0.63
Schüler	0.97	0.85	0.96	0.80	0.91	0.93
Ang.	0.92	0.55	0.83	0.63	0.85	0.88
BASCHEK et al.	0.89	0.73	-	0.87	-	-

Tab. 8: Interkorrelationen der Eigenschaften, berechnet aus den Mittelwerten

Bei den Schülern weisen die mittleren Einschätzungen aller vier Variablen deutliche Gemeinsamkeiten auf. Dies drückt sich in den Korrelationskoeffizienten von über 0.8 aus. In allen drei Probandengruppen zeichnen sich Ähnlichkeiten zwischen der Bewertung von Konkretheit und Bildhaftigkeit sowie zwischen diesen beiden Variablen und Verständlichkeit ab. Die Korrelation zwischen Konkretheit und Bildhaftigkeit liegt um 0.9, womit die zweite Hypothese, daß hier Zusammenhänge festzustellen sind, nach der Einteilung von WESTERMANN & HAGER (1984) als sehr bewährt betrachtet werden muß. Beziehungen zwischen Verständlichkeit und Bildhaftigkeit werden in der dritten Hypothese, zwischen Verständlichkeit und Konkretheit in der vierten Hypothese formuliert. In beiden Fällen liegen die Korrelationen ebenfalls im Mittel um 0.9. Damit haben sich auch diese beiden Hypothesen sehr bewährt. Werden die Angaben zur Bedeutungshaltigkeit mit denen der anderen Eigenschaften in Beziehung gesetzt, sind die resultierenden Korrelationskoeffizienten bei den Studenten sehr heterogen. Bei den Anglistikstudenten liegen die Werte zwischen 0.55 und 0.88 und sind schon deutlich niedriger als bei den Schülern. Für die Chemiestudenten kann ein enger Zusammenhang nur zwischen Bedeutungshaltigkeit und Verständlichkeit verzeichnet werden. Die Korrelationen mit Konkretheit und Bildhaftigkeit liegen deutlich unter allen übrigen Werten. Damit kann hier eine gesonderte Position der Bedeutungshaltigkeit festgestellt werden. Dennoch liegen die Korrelationskoeffizienten im Mittel so hoch, daß die fünfte Hypothese als nicht bewährt betrachtet werden muß.

Die Werte liegen insgesamt ausgesprochen hoch. Der Koeffizient von 0.97 deutet beispielsweise auf eine nahezu identische Bewertung von Konkretheit und Bildhaftigkeit durch die Schüler. Er legt die Vermutung nahe, daß es sich hierbei um konfundierte Eigenschaften handelt. Damit würden bei der Beurteilung dieser

Variablen dieselben Kriterien zugrunde gelegt werden. Gerade dieses Ergebnis fordert zu einer Überprüfung der Zusammenhänge anhand der individuell abgegebenen Beurteilungen auf.

3.2.4 Auswertung der Zusammenhänge zwischen den Eigenschaften anhand der individuellen Angaben

Die bisherigen Analysen über die Abhängigkeiten der Begriffseigenschaften wurden mit den über die jeweilige Teilnehmergruppe gemittelten Einschätzungen durchgeführt. Sie werden im folgenden mit den individuellen Angaben wiederholt, um zu überprüfen, ob dabei grundlegende Differenzen erkennbar sind. Während bisher die Mittelwerte der 32 Begriffe die Grundlage der Berechnungen gebildet haben, sind es jetzt die Bewertungen jeder einzelnen Person innerhalb einer Teilnehmergruppe. Die Berechnungen erfolgen für jeden Begriff getrennt.

3.2.4.1 Unterschiede zwischen den Probandengruppen

Zunächst wird wiederum geprüft, ob sich die Angaben der Probanden aus den drei Gruppen voneinander unterscheiden. Dazu wird für jeden Begriff, differenziert nach den Beurteilungsvariablen, eine einfaktorielle Varianzanalyse über die Gruppen hinweg durchgeführt. Die einzelnen F-Werte sind im Anhang IV aufgeführt. Die Analysen lassen eine generelle Zusammenfassung der Gruppen nicht zu. Bei zwei Dritteln der Analysen wird der kritische F-Wert von 3.03 überschritten, wobei die Effektstärke von Begriff zu Begriff stark variiert. D.h. bei diesen Begriffen muß die Hypothese, daß die Einschätzungen von Personen aus einer Grundgesamtheit stammen, auf dem 5% Niveau zurückgewiesen werden. Die Bildhaftigkeit der Begriffe wird am unterschiedlichsten beurteilt. Hier zeigen 25 von den 32 Analysen einen Effekt. Bei der Einschätzung der Konkretheit sind es 21, bei der Verständlichkeit 18 und bei der Bedeutungshaltigkeit 17 Analysen. Der DUNCAN-Test (Anhang V) gibt wieder an, zwischen welchen Personengruppen Unterschiede bestehen. Es zeigt sich, daß die Ergebnisse der Varianzanalysen nicht ausschließlich durch die Abweichungen der Angaben zwischen den Chemiestudenten und den beiden anderen Gruppen zustande kommen, wie es bei der Verwendung der Mittelwerte noch den Anschein hatte. Auch zwischen den Einschätzungen der Schüler und der Anglistikstudenten treten bei vielen Begriffen, vor allem bei den Eigenschaften Konkretheit und Bildhaftigkeit, Differenzen auf. Damit kann die erste Hypothese nicht mehr vollständig abgelehnt werden.

3.2.4.2 Interkorrelationen der Eigenschaften

Die Beziehungen der Begriffseigenschaften werden wie zuvor durch Produkt-Moment-Korrelationskoeffizienten bestimmt. Sie sind für alle Begriffe getrennt nach den drei Personengruppen im Anhang VI aufgeführt. Die Korrelationen liegen zwischen 0.01 und 0.80, von denen einige sogar inverse Beziehungen anzeigen.

Der überwiegende Teil der Werte ist allerdings zwischen 0.1 und 0.6 zu finden. Korrelationsanalysen auf Ordinalniveau führen zu vergleichbaren Ergebnissen. Dazu wird der Rangkorrelationskoeffizient nach SPEARMAN bestimmt. Es treten natürlich geringfügige Schwankungen gegenüber den Produkt-Moment-Korrelaten auf, aber die daraus abzuleitenden Aussagen bleiben identisch. Die durchschnittlichen z-transformierten Korrelationen sind in Tabelle 10 wiedergegeben.

	K-B	K-M	K-V	B-M	B-V	M-V
Chem.	0.44	0.30	0.52	0.30	0.49	0.38
Schüler	0.46	0.33	0.47	0.33	0.52	0.37
Ang.	0.44	0.19	0.38	0.25	0.44	0.24

Tab. 10: Durchschnittliche Interkorrelationen der Eigenschaften, berechnet aus den Individualdaten

Zwei grundsätzliche Fakten sind an dieser Stelle festzuhalten. Zum einen sind die Korrelationen sehr viel niedriger als bei der Berechnung anhand der Mittelwerte. Zum anderen zeigt sich auch hier, daß Konkretheit, Bildhaftigkeit und Verständlichkeit der Begriffe in engerer Beziehung zueinander stehen als zur Bedeutungshaltigkeit. Es zeigt sich, daß sich die Verwendung der Mittelwerte nicht eignet, um verallgemeinerbare Aussagen über die Eigenschaften der Begriffe zu machen. Es werden dabei zu viele individuelle Beurteilungen zusammengefaßt, denen unter Umständen konträre Kriterien zugrunde liegen. Ein Beispiel dafür sind die Einschätzungen der Schüler in bezug auf den Begriff Sauerstoff. (Abb. 6)

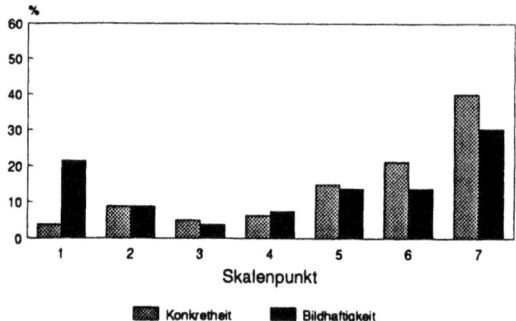

Abb. 6: Häufigkeitsverteilungen der Bewertungen zur Konkretheit und Bildhaftigkeit des Begriffs Sauerstoff durch die Schüler

An den Häufigkeitsprofilen ist zu erkennen, daß sehr viele Probanden die beiden Eigenschaften als unterschiedlich ausgeprägt empfinden. Nur ein Viertel der Teilnehmer gibt bei beiden Einschätzungen denselben Skalenwert an. Ein Drittel aller Probanden macht Angaben, die um mehr als eine Skaleneinheit differieren. Bei einem Sechstel der Probanden liegen sie um mindestens fünf Einheiten auseinander. Immerhin jeder zehnte Schüler gibt bei diesen Eigenschaften beide Extremwerte an. Dabei kommt es sowohl vor, daß die Konkretheit mit eins und die Bildhaftigkeit mit sieben bewertet wird als auch umgekehrt. Durch eine Mittelung der Angaben aller Teilnehmer kommen diese Spitzen natürlich nicht mehr zum Tragen.

Bei den Schülern sind die meisten Veränderungen gegenüber der Analyse mit den Mittelwerten zu verzeichnen. Die Korrelationskoeffizienten liegen bei allen Eigenschaftskombinationen um ca. 0.5 Punkte niedriger. Die aus der Analyse mit den Mittelwerten abgeleitete Aussage, daß sie alle Eigenschaften gleichermaßen miteinander in Zusammenhang bringen, muß dahingehend verändert werden, daß auch sie die Bedeutungshaltigkeit der Begriffe gegenüber den übrigen Eigenschaften anders einstufen. Bemerkenswert sind auch die ausgesprochen niedrigen Korrelationen von Bedeutungshaltigkeit, die bei den Anglistikstudenten auftreten. Beträgt der Koeffizient beim Vergleich Bedeutungshaltigkeit / Verständlichkeit anhand der Mittelwerte noch 0.88, so liegt er jetzt nur noch bei 0.24. Die Änderungen bei den anderen Eigenschaftskombinationen betragen ca. 0.4 Punkte. Bei den Chemiestudenten liegen die Korrelationen im Schnitt um 0.25 Punkte niedriger als nach dem ersten Auswertungsverfahren.

Die Vermutung, daß bei der Einschätzung der verschiedenen Eigenschaften, insbesondere von Konkretheit und Bildhaftigkeit pauschale Urteile abgegeben werden, wird also nicht gestützt. Das heißt aber nicht, daß sie vollkommen unabhängig voneinander bewertet werden. Ein großer Teil der Korrelationen liegt bei Werten um 0.5. (siehe Anhang VI) Damit sind Hypothesen, die sich auf diese Ergebnisse beziehen, als bedingt bewährt bis bewährt zu betrachten. (vgl. WESTERMANN & HAGER 1984 S.339) Die Eigenschaften Konkretheit, Bildhaftigkeit und Verständlichkeit sind also sehr wohl in einen Zusammenhang zu bringen. Bei einigen Begriffen ist dies überaus stark ausgeprägt und schon an der Häufigkeitsverteilung der Einschätzungen zu erkennen. (Abb. 7)

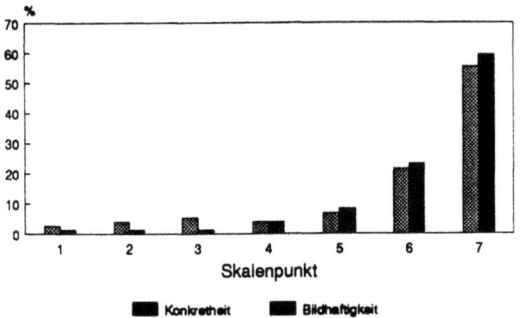

Abb. 7: Häufigkeitsverteilungen der Bewertungen zur Konkretheit und Bildhaftigkeit des Begriffs Salz durch die Anglistikstudenten

Bei diesem Beispiel kreuzen über die Hälfte der Probanden den gleichen Skalenwert für Konkretheit und Bildhaftigkeit an. Nur bei einem Achtel der Teilnehmer differieren die Angaben um zwei und mehr Skalenpunkte und lediglich bei 5% liegen sie um fünf Einheiten auseinander. Kein Teilnehmer gibt beide Extremwerte an. Damit ist festzuhalten, daß die Beziehungen nicht begriffsunabhängig sind. Bei den ausgewählten Beispielen drängt sich sofort eine Erklärung auf: Beide Stoffe kommen in der Natur vor und werden deshalb als konkret eingestuft. Salz kann man zudem anfassen, sehen und schmecken, es muß also bildhaft sein. Sauerstoff kann hingegen nicht mit den Sinnen erfahren werden und ist daher nicht bildhaft. Anderen Beispielen hält diese Erklärung jedoch nicht stand. So beträgt die Korrelation zwischen Konkretheit und Bildhaftigkeit beim Begriff Atom z.B. 0.52, dabei sind Atome sicherlich genauso konkret wie Sauerstoffmoleküle und ebenfalls nicht direkt wahrnehmbar. Der Koeffizient beim Begriff Verbrennung beträgt hingegen nur 0.24, dabei kann man eine Verbrennung direkt sehen und fühlen. Hier zeigt sich, daß offensichtlich mehrere Beurteilungskriterien vorliegen müssen.

3.2.4.3 Faktorenanalysen zur Eigenschaftsbeurteilung

Nachdem die Korrelationsanalysen mit den individuellen Angaben das Ergebnis der Berechnungen mit den Mittelwerten nicht in vollem Umfang bestätigen und ein eher diffuses Bild abgeben, sollen weitergehende Faktorenanalysen durchgeführt werden. Sie geben an, wieviele Faktoren für die Unterschiede innerhalb der Angaben zu den verschiedenen Variablen verantwortlich sind. Darüber hinaus wird bestimmt wie groß der Anteil ist, den jeder Faktor an der Gesamtvarianz erklärt. Weiterhin geben die Kommunalitäten Aufschluß darüber, wieviel Variabilität der Angaben zu einer Variablen durch die extrahierten Faktoren erklärt wird.

Es werden Hauptkomponentenanalysen mit anschließender Rotation durchgeführt. Weil anzunehmen ist, daß die Eigenschaften in begrenztem Maße voneinander abhängig sind, wäre eine orthogonale Rotation unangemessen. (vgl. VAN BUER 1990) Daher wird die schiefwinklige Rotation nach HARRIS-KAISER durchgeführt. Da sich bereits abgezeichnet hat, daß zwei Faktoren für die Erklärung eines großen Teils der Varianz verantwortlich sind, wird a priori festgelegt, daß bei allen Berechnungen zwei Faktoren extrahiert werden. Die in Tabelle 11 detailliert aufgeführten Ergebnisse sind mit den Angaben aller Versuchsteilnehmer berechnet worden. Es handelt sich um bereinigte Faktorenladungstabellen, bei denen alle Ladungen < 0.3 durch eine 0 ersetzt werden. Analysen, in denen die drei Personengruppen gesondert berücksichtigt werden, weisen keine gravierenden Unterschiede dazu auf. Daher wird auf die Wiedergabe deren Faktorenladungsverteilungen verzichtet. Im Anhang VII sind jedoch alle Kommunalitäten der Analysen aufgeführt, bei denen die Angaben jeder Gruppe isoliert berücksichtigt wurden. Der durch die beiden Faktoren erklärte Anteil der Gesamtvarianz liegt zwischen 66% und 88% und beträgt über die 32 Begriffe gemittelt 75%.

	F1	F2	h²		F1	F2	h²		F1	F2	h²		F1	F2	h²
Sauerstoff				Struktur				Strukturformel				Elektrolyse			
K	0.83	0	0.68	K	0.84	0	0.67	K	0.89	0	0.69	K	0.84	0	0.71
B	0.87	0	0.69	B	0.75	0	0.63	B	0.57	0.30	0.58	B	0.91	0	0.79
M	0	0.96	0.87	M	0	0.98	0.95	M	0	0.98	0.94	M	0	1.00	1.00
V	0.47	0.48	0.61	V	0.73	0	0.59	V	0.79	0	0.63	V	0.79	0	0.69
eV	1.50	1.06		eV	1.70	0.98		eV	1.38	0.85		eV	1.70	0.79	
Energie				Nichtmetall				Metall				Bindung			
K	0.83	0	0.68	K	0.83	0	0.68	K	0.87	0	0.72	K	0.96	0	0.79
B	0.75	0	0.57	B	0.82	0	0.70	B	0.78	0	0.61	B	0.59	0	0.58
M	0	1.00	1.00	M	0	1.00	1.00	M	0	0.99	0.97	M	0	0.98	0.92
V	0.72	0	0.53	V	0.77	0	0.61	V	0.70	0	0.57	V	0.66	0	0.60
eV	1.66	0.93		eV	1.81	0.93		eV	1.76	0.97		eV	1.41	0.95	
Salz				Indikator				Experiment				Orbital			
K	0.78	0	0.64	K	0.71	0	0.66	K	0.85	0	0.66	K	1.04	0	0.82
B	0.79	0	0.60	B	0.90	0	0.73	B	0.75	0	0.56	B	0.70	0	0.75
M	0	1.00	0.99	M	0	1.00	0.98	M	0	0.98	0.92	M	0	1.01	0.93
V	0.79	0	0.63	V	0.83	0	0.68	V	0.55	0.33	0.55	V	0.69	0	0.76
eV	1.76	0.94		eV	1.63	0.84		eV	1.40	0.95		eV	1.28	0.77	
Reaktion				Cadmium				Ammoniak				Polarität			
K	0.77	0	0.54	K	0.84	0	0.71	K	0.79	0	0.66	K	0.87	0	0.70
B	0.75	0	0.60	B	0.89	0	0.72	B	0.92	0	0.77	B	0.86	0	0.69
M	0	0.98	0.97	M	0	0.98	0.97	M	0	0.99	0.99	M	0	0.99	0.98
V	0.67	0	0.51	V	0.77	0	0.74	V	0.80	0	0.76	V	0.72	0	0.70
eV	1.44	0.90		eV	1.87	0.93		eV	1.65	0.80		eV	1.45	0.75	
Base				NAS				Ionengitter				Redoxreaktion			
K	0.84	0	0.74	K	0.71	0	0.57	K	0.86	0	0.70	K	1.01	0	0.82
B	0.93	0	0.75	B	0.90	0	0.75	B	0.84	0	0.73	B	0.66	0	0.70
M	0	0.99	0.97	M	0	0.99	0.99	M	0	1.00	1.00	M	0	0.92	0.87
V	0.70	0	0.70	V	0.86	0	0.73	V	0.82	0	0.71	V	0.43	0.51	0.71
eV	1.59	0.81		eV	1.75	0.87		eV	1.60	0.76		eV	1.11	0.93	
Gleichgewicht				Atom				Titration				PSE			
K	0.58	0	0.52	K	0.92	0	0.75	K	0.89	0	0.80	K	1.00	0	0.83
B	0.88	0	0.72	B	0.79	0	0.67	B	0.93	0	0.85	B	0.33	0.57	0.66
M	0	0.99	0.95	M	0	0.98	0.94	M	0	1.00	1.00	M	0	0.99	0.85
V	0.81	0	0.65	V	0.58	0	0.55	V	0.92	0	0.87	V	0.74	0	0.74
eV	1.53	0.91		eV	1.54	0.92	eV	1.58		0.62		eV	1.16	0.97	
Verbindung				Säure				Mol				Verbrennung			
K	0.77	0	0.56	K	0.85	0	0.69	K	0.86	0	0.74	K	0.81	0	0.58
B	0.67	0	0.58	B	0.87	0	0.70	B	0.93	0	0.78	B	0.85	0	0.69
M	0	0.99	0.97	M	0	0.99	0.97	M	0	0.99	0.96	M	0	0.97	0.91
V	0.82	0	0.64	V	0.68	0	0.64	V	0.67	0	0.68	V	0.57	0.39	0.66
eV	1.45	0.86		eV	1.64	0.88		eV	1.68	0.88		eV	1.46	0.97	
Brom				Reaktionsgleichung				Kupfer				Neutralisation			
K	0.85	0	0.69	K	0.79	0	0.61	K	0.87	0	0.69	K	0.66	0	0.64
B	0.86	0	0.73	B	0.77	0	0.61	B	0.84	0	0.67	B	1.01	0	0.80
M	0	1.00	0.99	M	0	1.00	1.00	M	0	0.99	0.97	M	0	1.00	0.92
V	0.80	0	0.74	V	0.75	0	0.57	V	0.68	0	0.67	V	0.62	0.34	0.75
eV	1.78	0.85		eV	1.51	0.84		eV	1.56	0.85		eV	1.26	0.84	

Tab. 11: Faktorenladungen der vier Eigenschaften bei zwei extrahierten Faktoren

Die Faktorenladungen der einzelnen Variablen dokumentieren überaus deutlich den Zusammenhang von Konkretheit, Bildhaftigkeit und Verständlichkeit auf der einen Seite, und die Abgrenzung dieser Eigenschaften von Bedeutungshaltigkeit auf der anderen Seite. Die drei erstgenannten Eigenschaften laden bei allen 32 Analysen hoch auf dem ersten Faktor (F1) und Bedeutungshaltigkeit sehr hoch auf dem zweiten (F2). In keinem Fall lädt Bedeutungshaltigkeit zusätzlich auf dem ersten Faktor. Konkretheit wird ausschließlich durch den ersten Faktor erklärt, und bei Bildhaftigkeit sind es nur die Begriffe Strukturformel und PSE, bei denen zusätzlich der zweite Faktor von Einfluß ist. Dieses tritt bei der Verständlichkeit fünf mal auf. Bei drei Begriffen sind die Ladungen auf dem ersten Faktor jedoch deutlich höher als auf dem zweiten. Bei den Begriffen Redoxreaktion und Sauerstoff sind die Ladungen beider Faktoren nahezu gleich. Lediglich in diesen Fällen eignen sich die extrahierten Faktoren nicht zu einer Differenzierung der Variablen, was dazu führt, daß hier keine Aussage gemacht werden kann.

Die Kommunalitäten der Variablen Konkretheit, Bildhaftigkeit und Verständlichkeit liegen im Mittel bei etwa 0.65. Zwei Drittel der Variabilität dieser Eigenschaften können also mit Hilfe der beiden Faktoren erklärt werden. Die Kommunalität der Bedeutungshaltigkeit liegt nahe bei 1.0, deren Variabilität wird also nahezu vollständig erfaßt. Unter Berücksichtigung der Faktorenladungsstruktur muß angenommen werden, daß die Aufklärung der Variabilität der ersten drei Merkmale ganz überwiegend durch den ersten Faktor erfolgt. Bedeutungshaltigkeit wird hingegen weitgehend durch den zweiten Faktor erklärt. Inwieweit das tatsächlich der Fall ist, kann nur angenähert bestimmt werden. Es besteht die Möglichkeit, bei einer zweiten Faktorenanalyse nur einen Faktor zu isolieren und die dabei erzielten Kommunalitäten zu betrachten. Ein Problem liegt jedoch darin, daß der Eigenwertvektor bei der Isolierung eines einzelnen Faktors stets so gewählt wird, daß alle Items möglichst hoch auf diesem Faktor laden. Das hat zur Folge, daß die Kommunalitäten der Items, die eigentlich nicht durch diesen Faktor erklärt werden können, nur eingeschränkte Aussagekraft besitzen. Sie werden dabei nämlich in der Regel höher geschätzt als sie tatsächlich sind. In diesem Fall würde das bedeuten, daß die Ladung und damit die Kommunalität der Variablen Bedeutungshaltigkeit zu hoch ist. An zwei Begriffen soll beispielhaft gezeigt werden, welche Unterschiede bei der Extraktion von einem bzw. zwei Faktoren auftreten. In Tabelle 12 sind die erzielten Kommunalitäten zusammengestellt.

Die Beispiele unterstützen die oben gemachten Aussagen. Die Variabilität der Angaben zur Bedeutungshaltigkeit kann in allen drei Probandengruppen nur in geringem Maße erklärt werden, wenn nur ein Faktor extrahiert wird. Erst durch die Extrahierung eines weiteren Faktors wird eine Aufklärung der Variabilität dieser Angaben möglich. Die Kommunalitäten der Konkretheit, Bildhaftigkeit und Verständlichkeit vergrößern sich durch einen zweiten Faktor jedoch nur unwesentlich. Damit wird die Variabilität dieser Angaben ganz stark durch den ersten Faktor erklärt.

	Chemiestudenten		Schüler		Anglistikstudenten	
Metall	h^2_1	h^2_2	h^2_1	h^2_2	h^2_1	h^2_2
K	0.64	0.80	0.58	0.64	0.68	0.75
B	0.66	0.70	0.64	0.70	0.21	0.23
M	0.21	0.96	0.19	0.98	0.07	0.98
V	0.53	0.53	0.50	0.50	0.74	0.74
Sauerstoff	h^2_1	h^2_2	h^2_1	h^2_2	h^2_1	h^2_2
K	0.60	0.70	0.64	0.64	0.63	0.67
B	0.64	0.78	0.37	0.49	0.70	0.70
M	0.41	0.89	0.10	0.95	0.00	0.89
V	0.66	0.72	0.62	0.62	0.29	0.36

Tab. 12: Kommunalitäten der vier Variablen bei Analysen mit einem (h^2_1) bzw. zwei (h^2_2) extrahierten Faktoren

Es ist festzuhalten, daß sich die Angaben zur Bedeutungshaltigkeit deutlich von den anderen unterscheiden, wobei deren Variabilität nahezu vollständig aufgedeckt werden kann. Den anderen drei Eigenschaften liegt ein gemeinsamer Faktor zugrunde der jeweils ca. 65% der Variabilität in den Angaben aufklärt. Damit bleibt eine spezifische Varianz von gut einem Drittel, die nicht auf den gemeinsamen Faktor zurückzuführen ist.

Aufgrund der Analysen mit den individuellen Angaben der Probanden müssen also die Ergebnisse der Analysen mit den Mittelwerten korrigiert werden. Die Hypothesen zwei, drei und vier, die sich auf die Zusammenhänge der Variablen Konkretheit, Bildhaftigkeit und Verständlichkeit beziehen, müssen nunmehr als bewährt bzw. als bedingt bewährt betrachtet werden und nicht wie zuvor als überaus bewährt. Die fünfte Hypothese, in der formuliert wird, daß die Bedeutungshaltigkeit keine Zusammenhänge mit den anderen Eigenschaften aufweist, mußte bisher abgelehnt werden. Die letzten Analysen führen jedoch auch hier zu einer Bestätigung der Annahme.

3.2.5 Auswertung der Zusammenhänge zwischen den Begriffen

Die letzten beiden Hypothesen rücken Fragen nach den Zusammenhängen zwischen den Begriffen in den Vordergrund. Dazu werden die Angaben aller Begriffe zu einer Eigenschaft in Beziehung gesetzt und wie zuvor Korrelationskoeffizienten bestimmt. Die Zusammenhänge, die sich bei dieser Vorgehensweise abzeichnen, sind natürlich nicht auf explizit formulierbare Variablen zurückzuführen. Dementsprechend wird nur auf besondere Auffälligkeiten hingewiesen und eine Interpretationsmöglichkeit angeboten. Die Variation der Beurteilungen wird zum Teil auf den inhaltlichen Unterschieden der Begriffe basieren. Es ist jedoch zusätzlich anzunehmen, daß alle Begriffe, die submikroskopische Entitäten beschreiben anders beurteilt werden als solche, die sinnlich wahrnehmbare Dinge bezeichnen. Auf beide Gesichtspunkte soll eingegangen werden.

Die folgenden Ausführungen beziehen sich alle auf die Angaben zur Konkretheit der Begriffe. Die Analysen wurden mit den Bewertungen der drei anderen Eigenschaften ebenfalls durchgeführt. Deren Ergebnisse sind im Anhang VIII aufgeführt. Treten dabei bemerkenswerte Änderungen gegenüber den Konkretheitseinschätzungen auf, so wird darauf verwiesen.

3.2.5.1 Inhaltliche Aspekte

Die Annahme der sechsten Hypothese, daß inhaltliche Gemeinsamkeiten auch zu ähnlichen Beurteilungen der Begriffe führen, wird beispielhaft an Begriffspaaren aus den Themenbereichen Säure-Base, Metall-Nichtmetall und Substanznamen untersucht.

In Tabelle 13 sind die Korrelationen zwischen Begriffen aus dem Themenbereich Säure-Base wiedergegeben.

		Chemiestudenten	Schüler	Anglistikstudenten
Säure	Base	0.73*	0.14	0.41*
Säure	Indikator	0.44*	0.06-	0.15
Säure	Neutralisation	0.54*	0.15	0.26
Base	Neutralisation	0.52*	0.14	0.11
Reaktion	Neutralisation	0.48*	0.14	0.20
Salz	Neutralisation	0.36*	0.05	0.00
Indikator	Neutralisation	0.35*	0.18	0.15

Tab. 13: Korrelationen der Bewertung von Begriffen aus dem Themenbereich Säure-Base   * = $p<0.001$

Hier zeigt sich wie schon zuvor, daß sich die Chemiestudenten in ihrer Beurteilung der Begriffe gänzlich von den beiden anderen Probandengruppen unterscheiden. Bei ihnen sind die Beziehungen zwischen den Angaben zu den Begriffen aller Paarungen hoch signifikant. Dagegen sind die Korrelationen sowohl bei den Schülern als auch bei den Anglistikstudenten ausgesprochen niedrig. Offensichtlich ziehen Chemiestudenten bei der Einschätzung der Konkretheit dieser Begriffe andere Kriterien zur Bewertung heran als Schüler und Anglistikstudenten. Die großen Differenzen der Korrelationen bei dem Begriffspaar Säure-Base machen das sehr deutlich. Die Begriffe Säure und Base bezeichnen weitgehend vergleichbare Inhalte. Zum einen wird darunter jeweils ein Teilchen verstanden, das an einer Protonenübertragungsreaktion beteiligt ist und zum anderen eine Substanz, die aus solchen Teilchen zusammengesetzt ist. Damit sollte die Konkretheit beider Begriffe sehr ähnlich beurteilt werden. Ein Unterschied zwischen den Begriffen liegt darin, daß auch die wässrige Lösung einer Säure als solche bezeichnet wird, während man die wässrige Lösung einer Base Lauge nennt. Damit rückt man stärker von einer Auffassung auf der Teilchenebene hin zu einer auf der phänomenologischen Ebene. Die unterschiedlichen Ergebnisse können dahingehend interpretiert werden, daß die Chemiestudenten die Begriffe jeweils mit Rückgriff auf den Aspekt 'Teilchen' beurteilen. Ob das auch bei den Anglistikstudenten zutreffend ist, muß trotz der signifikanten Korrelation angezweifelt werden. Dazu sind die Beziehungen zu den Begriffen Indikator und Neutralisation viel zu gering. Die Schüler urteilen selbst über die Begriffe Säure und Base vollkommen verschieden. Hier liegt demnach keine einheitliche Sichtweise über diese Begriffe vor. Das unterstreicht die bereits bekannten Schwierigkeiten beim Gebrauch dieser Termini. (vgl. SUMFLETH 1987)

Auch bei Begriffspaaren aus dem Bereich Metall-Nichtmetall zeichnen sich bei den Chemiestudenten die größten Gemeinsamkeiten ab.

		Chemie-studenten	Schüler	Anglistik-studenten
Metall	Nichtmetall	0.58*	0.42*	0.48*
Metall	Kupfer	0.56*	0.18	0.32
Metall	Cadmium	0.31*	0.21	0.03
Kupfer	Cadmium	0.57*	0.14	0.57*
Nichtmetall	Sauerstoff	0.45*	0.40*	0.30
Nichtmetall	Brom	0.32*	0.20	0.13
Sauerstoff	Brom	0.64*	0.00	0.02

Tab. 14: Korrelationen der Bewertung von Begriffen aus dem Themenbereich Metall-Nichtmetall * = p<0.001

Bei den Studenten fällt auf, daß die Begriffspaare Metall-Cadmium und Nichtmetall-Brom gegenüber den Begriffspaaren Metall-Kupfer und Nichtmetall-Sauerstoff deutlich niedrigere Korrelationen aufweisen. Hier wird man an die Theorie der Prototypen erinnert. Danach teilen sich die zu einer Klasse gehörenden Elemente in typische und untypische Vertreter auf. Dabei kann die Klasse z.B. aus Zahlen (BROMME 1990) oder geometrischen Figuren (JÜNGST 1983), aber auch aus durch Begriffe bezeichnete Dinge (z.B. Möbel, Tiere) bestehen. In einer Studie zu geraden und ungeraden Zahlen konnte BROMME zeigen, daß 4 der Prototyp einer geraden Zahl ist, während 94 kein klassischer Vertreter ist. Nach den Ergebnissen dieser Untersuchung wäre Kupfer ein typischeres Element der Klasse Metall als Cadmium und Sauerstoff ein typischeres Nichtmetall als Brom.

Bei der Betrachtung der Korrelationen zwischen den Bezeichnungen von Substanzen wird auf die drei Probandengruppen einzeln eingegangen. Tabelle 15 zeigt die

Beziehungen bei den Chemiestudenten auf.

	Ca	NAS	Am	Brom	Ku	Sa	Sä
NAS	0.61*						
Ammoniak	0.69*	0.39*					
Brom	0.71*	0.44*	0.78*				
Kupfer	0.57*	0.31*	0.67*	0.72*			
Sauerstoff	0.56*	0.20	0.58*	0.64*	0.57*		
Säure	0.49*	0.26	0.64*	0.65*	0.58*	0.60*	
Base	0.52*	0.38*	0.58*	0.59*	0.52*	0.56*	0.73*

Tab. 15: Korrelationen der Bewertung von Substanznamen durch Chemiestudenten[5] * = $p<0.001$

Hier treten zwischen nahezu allen Begriffen hohe Korrelationen auf. Die Kriterien zur Beurteilung der Konkretheit dieser Begriffe sind für die Chemiestudenten also sehr ähnlich. Der Aspekt der Stofflichkeit bietet auf den ersten Blick eine naheliegende Erklärungsgrundlage. Dabei kann aber nur das Wissen um diese Stoffe von Bedeutung sein, denn eine sinnliche Wahrnehmung und ein daraus resultierender direkter Kontakt, z.B. mit einer Stoffportion Sauerstoff ist kaum nachvollziehbar. Diese Substanz hat aufgrund ihrer Unsichtbarkeit eine ganz andere Qualität als ein Stück Kupfer. Auch Cadmium werden die wenigsten Befragten je als ein Metallstück gesehen haben. Da Säure und Base nur Oberbegriffe für Substanzklassen sind, müßten dazu erst zugehörige Substanzen assoziiert werden, um sich diese als Stoffportion zu vergegenwärtigen.

Andererseits haben die Studenten jedoch auch das Wissen, daß es sich bei einem Indikator, Salz, Metall oder generell bei einer Verbindung um einen Stoff handelt. Die Korrelationen der Namensbegriffe mit diesen Begriffen sind zwar überwiegend signifikant, aber dennoch deutlich niedriger. Tabelle 16 zeigt, daß sie überwiegend zwischen 0.2 und 0.5 liegen.

	Ca	NAS	Am	Brom	Ku	Sa	Sä
Salz	0.33*	0.24	0.43*	0.41*	0.58*	0.39*	0.45*
Verbindung	0.32*	0.23	0.26	0.24	0.30*	0.30*	0.39*
Indikator	0.31*	0.29	0.36*	0.32*	0.36*	0.21	0.32*
Metall	0.30*	0.15	0.45*	0.45*	0.55*	0.48*	0.39*

Tab. 16: Korrelationen der Bewertung von Substanznamen und Salz, Verbindung, Indikator und Metall durch Chemiestudenten   * = $p<0.001$

Hier werden offensichtlich weitere Aspekte berücksichtigt. Bei der Konkretheit von Salz und Metall fließt sicherlich der alltägliche Umgang mit in die Beurteilung ein.

---

5 Ca = Cadmium, NAS = Natriumaluminiumsilikat, Am = Ammoniak, Sa = Sauerstoff, Sä = Säure

Die Funktion als Anzeiger steht beim Indikator offensichtlich im Vordergrund. Der Begriff Verbindung ist, ebenso wie Säure und Base, als Klassenbegriff aufzufassen. Daher können ihm keine spezifischen Stoffeigenschaften zugeordnet werden, was möglicherweise zu einer anders gearteten Beurteilung führt.

Betrachtet man die Ergebnisse der Analysen mit den Angaben zu den anderen Eigenschaften, sind vor allem Veränderungen bei der Beurteilung des Begriffs Sauerstoff zu erkennen. Sowohl dessen Einschätzungen zur Bildhaftigkeit als auch zur Bedeutungshaltigkeit korrelieren weit weniger mit den übrigen Begriffseinschätzungen als bei Konkretheit. (siehe Anhang VIII) Sie sind wesentlich niedriger als die anderen Koeffizienten und verringern sich in Kombination mit dem Begriff Natriumaluminiumsilikat auf 0.01. Damit zeigt sich eine Sonderstellung des Sauerstoffs unter den untersuchten Begriffen. Auch die Korrelationskoeffizienten des NAS sind niedriger, wenn nicht mehr die Konkretheitseinschätzungen zur Analyse herangezogen werden, wie das Beispiel mit dem Sauerstoff zeigt. Am deutlichsten verändern sie sich bei den Beurteilungsvariablen Bildhaftigkeit und Verständlichkeit. Hier macht sich die Unbekanntheit dieses Stoffes bemerkbar.

Bei den Schülern sind viel weniger hohe Korrelationen zwischen den Namensbegriffen als bei den Chemiestudenten festzustellen. (Tab. 17)

	Cad	NAS	Am	Brom	Ku	Sa	Sä
NAS	0.58*						
Ammoniak	0.56*	0.49*					
Brom	0.59*	0.62*	0.66*				
Kupfer	0.14	0.23	0.28	0.37*			
Sauerstoff	0.03-	0.01-	0.06	0.00	0.16		
Säure	0.14	0.14	0.18	0.15	0.23	0.20	
Base	0.59*	0.37*	0.39*	0.42*	0.25	0.04-	0.14

Tab. 17: Korrelationen der Bewertung von Substanznamen durch Schüler
$* = p<0.001$

Sie treten auf, wenn die Einschätzungen der Substanznamen Ammoniak, Brom, Cadmium, und Natriumaluminiumsilikat untereinander kombiniert werden. Sie scheinen den Schülern im Gegensatz zu den anderen Begriffen eher ungeläufig zu sein. Damit kann angenommen werden, daß hier die Unbekanntheit ein wesentlicher Faktor bei der Einschätzung ist. Dies sollte sich in einem Vergleich mit den Begriffen Titration und Orbital, die von mehreren Schülern als unbekannt deklariert werden, niederschlagen.

Die auftretenden Koeffizienten sind zum Teil zwar signifikant, jedoch nicht so hoch, daß sie den Schluß, die Gemeinsamkeiten lägen vornehmlich in der Unbekanntheit, eindeutig bestätigen könnten.

	Ca	NAS	Am	Brom
Orbital	0.20	0.17	0.33	0.29
Titration	0.28	0.37*	0.38*	0.39*

Tab. 18: Korrelationen der Bewertung von Substanznamen und der Begriffe Orbital und Titration durch Schüler * = p<0.001

Dennoch sind sehr große Differenzen zwischen den ungeläufigen Substanznamen und den Namen bekannter Stoffe, wie z.b. Sauerstoff, Kupfer und Säure festzustellen. Sie äußern sich in den ausgesprochen niedrigen Korrelationskoeffizienten. Dabei fallen vor allem die Ergebnisse beim Sauerstoff auf. Dessen Bewertungen sind in keiner Weise mit den anderen Einschätzungen in Zusammenhang zu bringen. Hier treten drei negative Werte auf und selbst die höchste Korrelation ist mit 0.2 unbedeutend. Die außergewöhnliche Stellung dieses Begriffs wird hier bereits überaus deutlich. Bemerkenswert sind auch die Ergebnisse der Korrelationen mit dem Begriff Base. Sie lassen sich in zwei Gruppen einteilen. Zum einen die Paarungen mit den bekannten Begriffen, die sehr niedrige Werte aufweisen und zum anderen die Paarungen mit den ungeläufigen Begriffen, deren Werte deutlich höher liegen. Mit diesen weist der für die Schulchemie bedeutende Begriff Base größere Gemeinsamkeiten auf.

Insgesamt urteilen die Schüler über die acht Begriffe sehr heterogen. Die Begriffe Ammoniak, Brom, Cadmium und Natriumaluminiumsilikat unterliegen dabei jedoch ähnlichen Kriterien. Auch der Begriff Base kann hier bedingt mit aufgeführt werden. Die Begriffe Kupfer, Sauerstoff und Säure können jedoch weder mit den vorgenannten Begriffen noch untereinander statistisch in Beziehung gesetzt werden. Dadurch ist es schwierig, die grundlegenden Bewertungskriterien für diese Begriffe zu erklären. Bei den Korrelationsanalysen mit den anderen drei Eigenschaften erhärtet sich dieses Bild. (siehe Anhang VIII)

Die Ergebnisse der Anglistikstudenten sind zum Teil mit denen der Chemiestudenten und zum Teil mit denen der Schüler zu vergleichen (Tab. 19).

	Ca	NAS	Am	Brom	Ku	Sa	Sä
NAS	0.56*						
Ammoniak	0.82*	0.63*					
Brom	0.65*	0.52*	0.68*				
Kupfer	0.57*	0.36	0.63*	0.60*			
Sauerstoff	0.03	0.14-	0.04-	0.02	0.10		
Säure	0.35	0.18	0.46*	0.23	0.43*	0.18	
Base	0.58*	0.50*	0.57*	0.54*	0.41*	0.03	0.41*

Tab. 19: Korrelationen der Bewertung von Substanznamen durch Anglistikstudenten * = p<0.001

Ebenso wie bei den Schülern wird der Begriff Sauerstoff vollkommen anders bewertet als die übrigen Begriffe. Auch die Einschätzung der Säure kann nur punktuell mit denen der anderen Begriffe in Beziehung gebracht werden. Die Bewertungen aller anderen Begriffe, Kupfer und Base eingeschlossen, korrelieren recht deutlich untereinander. Das ist vergleichbar mit den Ergebnissen der Chemiestudenten. Allerdings unterscheiden sie sich von diesen durch die Beziehungen, die sie zwischen den Namensbegriffen und den Begriffen Salz, Verbindung, Indikator und Metall ziehen. (Tab. 20)

	Ca	NAS	Am	Brom	Ku	Sa	Base
Salz	0.29	0.00	0.18	0.13	0.49*	0.23	0.29
Verbindung	0.07	0.03-	0.25	0.36	0.18	0.19	0.19
Indikator	0.10	0.08-	0.01	0.01	0.19	0.02	0.05-
Metall	0.03	0.01	0.13	0.13	0.31	0.21	0.01-

Tab. 20: Korrelationen der Bewertung von Substanznamen und Salz, Verbindung, Indikator und Metall durch Anglistikstudenten   * = p<0.001

Hier sind im Gegensatz zu den Ergebnissen der Chemiestudenten nur zwei von 32 Korrelationen signifikant. Insgesamt ergibt sich ein so heterogenes Bild, daß man auch hier davon ausgehen muß, daß die Stofflichkeit nicht als wesentliches Kriterium zur Beurteilung dieser 12 Begriffe herangezogen worden ist.

Verwendet man für die Korrelationsanalysen die Bildhaftigkeitseinschätzungen oder auch die Bewertung der Bedeutungshaltigkeit (siehe Anhang VIII), kann neben der Abgrenzung des Begriffs Sauerstoff auch eine Unterscheidung der Begriffe Kupfer und Säure gegenüber den restlichen Begriffen festgestellt werden. Damit ergibt sich insgesamt eine ähnliche Bewertung wie bei den Schülern.

An dieser Stelle soll noch einmal darauf hingewiesen werden, daß es sich bei diesen Korrelationen um die Beziehungen handelt, die zwischen den Einschätzungen der Konkretheit zweier Begriffe auftreten. Die Teilnehmer werden nicht direkt nach inhaltlichen Zusammenhängen befragt. Die Beispiele in Tabelle 21 machen das sehr deutlich.

		Chemie-studenten	Schüler	Anglistik-studenten
Ionengitter	Salz	0.07	0.04	0.07
Redoxreaktion	Verbrennung	0.05	0.15	0.13

Tab. 21: Korrelationen der Bewertung der Begriffe Ionengitter und Salz sowie Redoxreaktion und Verbrennung

Obwohl jeweils unter fachlichen Gesichtspunkten enge Zusammenhänge bestehen, werden diese in keiner der Gruppen bei der Bewertung berücksichtigt. Die vier

Begriffe werden unter ganz unterschiedlichen Aspekten beurteilt. Dies kann nicht ausschließlich an mangelnden Kenntnissen bei einem Begriff liegen, denn zieht man die Bewertungen der Verständlichkeit zur Korrelationsanalyse heran, ergeben sich zum Teil hoch signifikante Korrelationen bei diesen Begriffspaaren. (siehe Anhang VIII) Während Ionengitter und Redoxreaktion ausschließlich Fachbezüge aufweisen, haben die Begriffe Salz und Verbrennung sowohl einen Fach- als auch einen Alltagsbezug. Es liegt die Vermutung nahe, daß letzterer bei der Beurteilung der Konkretheit der Begriffe Salz und Verbrennung ausschlaggebend ist. Damit ist gleichzeitig angedeutet, daß Begriffe im Kontext von Alltag bzw. Fach vollkommen unterschiedliche Qualitäten aufweisen.

3.2.5.2 Wahrnehmungsabhängige Aspekte

Zur Bestimmung des in der siebten Hypothese angenommenen Einflusses der sinnlichen Wahrnehmbarkeit einer bezeichneten Entität werden zunächst zehn Begriffe in zwei Gruppen zusammengestellt. Die erste Gruppe enthält fünf Begriffe, bei denen das Bezeichnete sinnlich wahrnehmbar ist. Bei den fünf Begriffen der zweiten Gruppe kann das Bezeichnete mit den Sinnen nicht erfaßt werden. (Tab. 22) Es ist anzunehmen, daß sich bei Paarungen zweier Begriffe innerhalb der Gruppen klare Zusammenhänge abzeichnen. Kombiniert man jedoch Begriffe aus beiden Gruppen miteinander, sollten die Bewertungen kaum korrelieren.

Eine weitgehende Bestätigung dieser Erwartungen findet man bei den Chemiestudenten. Dabei muß festgehalten werden, daß die Korrelationen innerhalb der Begriffsgruppe Atom, Bindung, Gleichgewicht, Polarität und Orbital niedriger liegen als innerhalb der anderen Gruppe. Sie sind aber höher als die Koeffizienten von Paarungen zweier Begriffe aus verschiedenen Gruppen. Damit ist eine klare Trennung zwischen diesen Begriffsgruppen erkennbar. Sowohl bei den Schülern als auch bei den Anglistikstudenten zeichnet sich diese Differenzierung weniger deutlich ab. Das liegt an den niedrigen Korrelationen der Begriffspaarungen innerhalb der Gruppen. Sie sind deutlich kleiner als bei den Chemiestudenten. Aber auch bei diesen Probanden gilt, daß nahezu alle Korrelationen zwischen den gebildeten Gruppen ausgesprochen niedrig sind. Damit unterliegen die Begriffe der gebildeten Gruppen vollkommen unterschiedlichen Bewertungskriterien. Die sinnliche Wahrnehmung ist dabei unter Umständen ein Kriterium. Die teilweise niedrigen Werte innerhalb der Gruppen weisen jedoch darauf hin, daß weitere Aspekte die Bewertung beeinflussen. Vor allem die Korrelationen von Begriffspaarungen sinnlich nicht erfahrbarer Entitäten sind sehr klein, d.h. es spiegelt sich in den Ergebnissen nicht wider, daß keines der bezeichneten Dinge direkt wahrgenommen werden kann. Die Chemiestudenten lassen auch bei diesen Begriffskombinationen die meisten Gemeinsamkeiten erkennen. Möglicherweise liegt es daran, daß sie die nicht wahrnehmbaren Entitäten inhaltlich in Beziehung setzen können, während die Schüler und Anglistikstudenten die Begriffe eher isoliert betrachten.

	Salz	Me	NM	Ku	Ve	Atom	Bi	Gl	Po
Metall	0.62*								
Nichtmetall	0.67*	0.58*							
Kupfer	0.58*	0.56*	0.41*						
Verbrennung	0.35*	0.39*	0.34*	0.46*					
Atom	0.14	0.25	0.19	0.21	0.00				
Bindung	0.02	0.23	0.08	0.03	0.16	0.32*			
Gleichgew.	0.10	0.16	0.27	0.13	0.24	0.18	0.45*		
Polarität	0.24	0.27	0.24	0.20	0.17	0.28	0.38*	0.17	
Orbital	0.11	0.23	0.06	0.14	0.04	0.46*	0.44*	0.25	0.48*

Chemiestudenten

	Salz	Me	NM	Ku	Ve	Atom	Bi	Gl	Po
Metall	0.49*								
Nichtmetall	0.41*	0.42*							
Kupfer	0.32	0.21	0.36*						
Verbrennung	0.33	0.18	0.31	0.18					
Atom	0.08	0.01-	0.07-	0.01	0.15				
Bindung	0.12	0.09	0.20	0.10	0.30	0.30			
Gleichgew.	0.23	0.09	0.12	0.16	0.48*	0.13	0.40*		
Polarität	0.25	0.28	0.15	0.10-	0.13	0.04	0.10	0.07	
Orbital	0.00	0.19-	0.08	0.08	0.00	0.00	0.09	0.02-	0.02-

Schüler

	Salz	Me	NM	Ku	Ve	Atom	Bi	Gl	Po
Metall	0.38*								
Nichtmetall	0.56*	0.32							
Kupfer	0.49*	0.32	0.28						
Verbrennung	0.30	0.19	0.39*	0.34					
Atom	0.19	0.33	0.29	0.15	0.16				
Bindung	0.10	0.17	0.13	0.07	0.27	0.35			
Gleichgew.	0.14	0.19	0.08	0.07	0.29	0.21	0.46*		
Polarität	0.12	0.03-	0.12	0.09	0.18	0.06	0.41*	0.19	
Orbital	0.13-	0.04	0.11	0.19	0.21	0.32	0.16	0.01	0.03

Anglistikstudenten

Tab. 22: Korrelationen der Bewertung von Begriffen, die sinnlich wahrnehmbare und sinnlich nicht wahrnehmbare Entitäten bezeichnen[6/7]   * = p<0.001

---

[6] Me = Metall, NM = Nichtmetall, Ku = Kupfer, Ve = Verbrennung, Bi = Bindung, Gl = Gleichgewicht, Po = Polarität, Or = Orbital

[7] Die Korrelationskoeffizienten der Paarungen zweier Begriffe aus beiden Gruppen sind kursiv gedruckt.

Die Korrelationen, die sich ergeben, wenn die Einschätzungen der Eigenschaft Bedeutungshaltigkeit zur Berechnung herangezogen werden, sind mit den eben beschriebenen vergleichbar. (siehe Anhang VIII) Leichte Veränderungen treten unter der Variablen Bildhaftigkeit auf. Bei den Schülern und vor allem bei den Anglistikstudenten sind hier die Korrelationen zwischen Begriffen aus beiden Begriffsgruppen noch niedriger als bei den anderen Eigenschaften. Die Korrelationen zwischen Begriffen der gleichen Gruppe verändern sich hingegen nicht. Die Korrelationen unter der Variablen Verständlichkeit sind in beiden Studentengruppen insgesamt viel höher als unter den anderen Eigenschaften, zeigen aber keine neuen Tendenzen auf. Auffällig bleiben auch hier die niedrigen Koeffizienten in der Gruppe der Begriffe, die Nichtwahrnehmbares bezeichnen.

Auf die Ergebnisse der Bewertung vier dieser Begriffe soll kurz hingewiesen werden. Der Begriff Orbital läßt sich anhand der Angaben der Schüler und Anglistikstudenten weder mit der einen noch der anderen Begriffsgruppe in Beziehung setzen. Das mag daran liegen, daß er für einen Großteil dieser Teilnehmer unbekannt ist. In diesen Probandengruppen fallen einige Korrelationskoeffizienten der Begriffe Bindung und Gleichgewicht auf. Sie sind vor allem bei den Eigenschaften Bedeutungshaltigkeit und Verständlichkeit mit Begriffen, die Wahrnehmbares bezeichnen, zum Teil erheblich höher als mit Begriffen, die Nichtwahrnehmbares bezeichnen. Die Korrelationskoeffizienten des Begriffs Atom sind vor allem bei den Chemiestudenten ausgesprochen heterogen. Sowohl zu den Begriffen, die ebenfalls nicht wahrnehmbare Entitäten bezeichnen, als auch zu den anderen Begriffen treten einerseits sehr niedrige, andererseits mittlere bis hohe Korrelationen auf. Der Begriff Atom läßt sich von den bisher betrachteten Begriffen am wenigsten nach der vorgeschlagenen Kategorisierung einordnen.

In diesem Zusammenhang sind auch die Ergebnisse der beiden Begriffe Energie und Sauerstoff interessant. (Tab. 23) Beide bezeichnen nicht sichtbare Entitäten. Sie dienen jedoch nicht ausschließlich theoretischen Überlegungen, sondern sie sind von besonderer praktischer Relevanz. Daher werden sie sowohl mit den zur Theoriebildung notwendigen Begriffen, die den submikroskopischen Bereich beschreiben, als auch mit den im Alltag häufig genutzten Begriffen gepaart und deren Korrelationen bestimmt.

Wie beim Begriff Atom kann anhand dieser Werte keine eindeutige Zuordnung des Begriffs Energie zu einer Begriffsklasse vorgenommen werden. Beide Begriffe fielen bereits durch sehr hohe Standardabweichungen auf. Sie werden offensichtlich individuell in verschiedenster Weise aufgefaßt. Lediglich bei den Anglistikstudenten ist zu bemerken, daß sie die Konkretheit des Begriffs Energie vollkommen anders beurteilen als alle Bezeichnungen für wahrnehmbare Dinge. Auffallend sind auch die relativ hohen Werte mit den Kombinationen der Begriffe Bindung und Gleichgewicht. Das ist bei dem Begriff Sauerstoff nicht mehr so stark ausgeprägt. (Tab. 24)

		Chemie-studenten	Schüler	Anglistik-studenten
Energie	Salz	0.29	0.19	0.01
Energie	Metall	0.37*	0.34	0.03
Energie	Nichtmetall	0.28	0.05	0.01
Energie	Kupfer	0.12	0.07	0.01
Energie	Verbrennung	0.13	0.40*	0.01
Energie	Atom	0.18	0.14	0.24
Energie	Bindung	0.16	0.38*	0.34
Energie	Gleichgewicht	0.17	0.40*	0.42*
Energie	Polarität	0.36*	0.18-	0.22
Energie	Orbital	0.19	0.01	0.06

Tab. 23: Korrelationen der Bewertung des Begriffs Energie mit solchen, die sinnlich wahrnehmbare und sinnlich nicht wahrnehmbare Entitäten bezeichnen   * = p<0.001

		Chemie-studenten	Schüler	Anglistik-studenten
Sauerstoff	Salz	0.39*	0.21	0.23
Sauerstoff	Metall	0.48*	0.24	0.21
Sauerstoff	Nichtmetall	0.45*	0.40*	0.30
Sauerstoff	Kupfer	0.57*	0.16	0.09
Sauerstoff	Verbrennung	0.30*	0.01	0.14
Sauerstoff	Atom	0.31*	0.16	0.28
Sauerstoff	Bindung	0.11	0.12	0.25
Sauerstoff	Gleichgewicht	0.19	0.02	0.26
Sauerstoff	Polarität	0.18	0.07	0.17
Sauerstoff	Orbital	0.25	0.05	0.03

Tab. 24: Korrelationen der Bewertung des Begriffs Sauerstoff mit solchen, die sinnlich wahrnehmbare und sinnlich nicht wahrnehmbare Entitäten bezeichnen   * = p<0.001

Bei den Schülern und Anglistikstudenten sind die Korrelationen mit dem Begriff Sauerstoff etwas einheitlicher als mit dem Begriff Energie, aber Unterschiede zwischen den beiden Begriffsgruppen können anhand der Korrelationskoeffizienten nicht ausgemacht werden. Das ist bei den Chemiestudenten anders. Sie bringen den Sauerstoff in einen deutlichen Zusammenhang mit den wahrnehmbaren Dingen, obwohl er nicht direkt mit den Sinnen erfaßt werden kann. Alle diese Begriffe werden häufig im Alltag verwendet. Ob das bei der Bewertung eine Rolle spielt, ist ungewiß. Das wäre dann nämlich auch bei dem Begriff Energie und vor allem bei allen Probandengruppen zu erwarten. Werden die Einschätzungen der Bildhaftigkeit für die Analysen herangezogen, sind die Korrelationen mit den Begriffen Salz, Metall, Nichtmetall, Kupfer und Verbrennung erwartungsgemäß geringer, während sie mit den Begriffen Atom und Bindung höher ausfallen. (siehe Anhang VIII)

Auffallend ist auch die Korrelation der Bewertungen der Begriffe Bindung und Verbindung. Sie sind bei den Schülern und Anglistikstudenten sehr ähnlich. Ein Vergleich mit den Beziehungen des Begriffs Verbindung zu anderen Begriffen für sinnlich nicht wahrnehmbare Entitäten zeigt, daß dieser Zusammenhang dort nicht auftritt. (Tab. 25) Das weist auf eine synonyme Verwendung der beiden Begriffe hin. Auf dieses Problem hat SUMFLETH (1988) bereits aufmerksam gemacht.

		Chemie-studenten	Schüler	Anglistik-studenten
Verbindung	Bindung	0.39*	0.69*	0.67*
Verbindung	Gleichgewicht	0.46*	0.22	0.23
Verbindung	Polarität	0.30*	0.09	0.42*
Verbindung	Orbital	0.31*	0.08	0.17

Tab. 25: Korrelationen der Bewertung des Begriffs Verbindung mit solchen, die sinnlich nicht wahrnehmbare Entitäten bezeichnen   * = p<0.001

Neben Begriffen die chemische Substanzen bzw. Sachverhalte benennen, werden auch die Begriffe Strukturformel und Reaktionsgleichung beurteilt. Es sind Hilfsmittel zur Darstellung, die häufig eingesetzt werden. Tabelle 26 gibt die Beziehungen zwischen den Angaben zu diesen Begriffen und denen, die das bezeichnen, was dargestellt werden soll, wieder.

		Chemie-studenten	Schüler	Anglistik-studenten
Reaktionsgl.	Strukturformel	0.67*	0.53*	0.53*
Reaktionsgl.	Reaktion	0.36*	0.28	0.23
Strukturformel	Struktur	0.43*	0.16	0.40*

Tab. 26: Korrelationen der Bewertungen von Begriffen aus dem Themenbereich Struktur   * = p<0.001

Die Konkretheit von Reaktionsgleichungen und Strukturformeln werden von allen drei Gruppen recht ähnlich bewertet. Das ist sicherlich darauf zurückzuführen, daß es sich in beiden Fällen um Darstellungsmittel handelt, die Informationen visuell wiedergeben. Die Korrelationen mit den Begriffen, die das bezeichnen was von ihnen dargestellt wird, sind jedoch insgesamt recht gering. Es zeigt sich, daß die beiden Studentengruppen Struktur und Strukturformel analog beurteilen. Die Beziehungen zwischen den Einschätzungen der Begriffe Reaktion und

Reaktionsgleichung sind auch bei diesen Teilnehmern erheblich geringer. Ein deutlicher direkter Bezug zwischen Darstellung und Dargestelltem wird dadurch nicht ausgedrückt. Dies ist lediglich bei der Verwendung der Bedeutungshaltigkeitseinschätzung der Fall. (siehe Anhang VIII) Hier sind die Koeffizienten aller Paarungen bei allen Probanden hoch signifikant. Es zeigt sich also eine Differenzierung zwischen den Eigenschaften. Gerade bei diesen Begriffskombinationen sollte man meinen, daß jeweils nur einer der Partner als konkret empfunden werden kann. Der andere müßte diesem gegenüber antagonistisch bewertet werden. Die Häufigkeitsverteilungen der Bewertungen der beiden Begriffe müßten danach spiegelsymmetrisch sein. Wie Abbildung 8 zeigt, ist aber auch dieses nicht der Fall. Die Beurteilungen zur Konkretheit sind bei allen Begriffen relativ einheitlich.

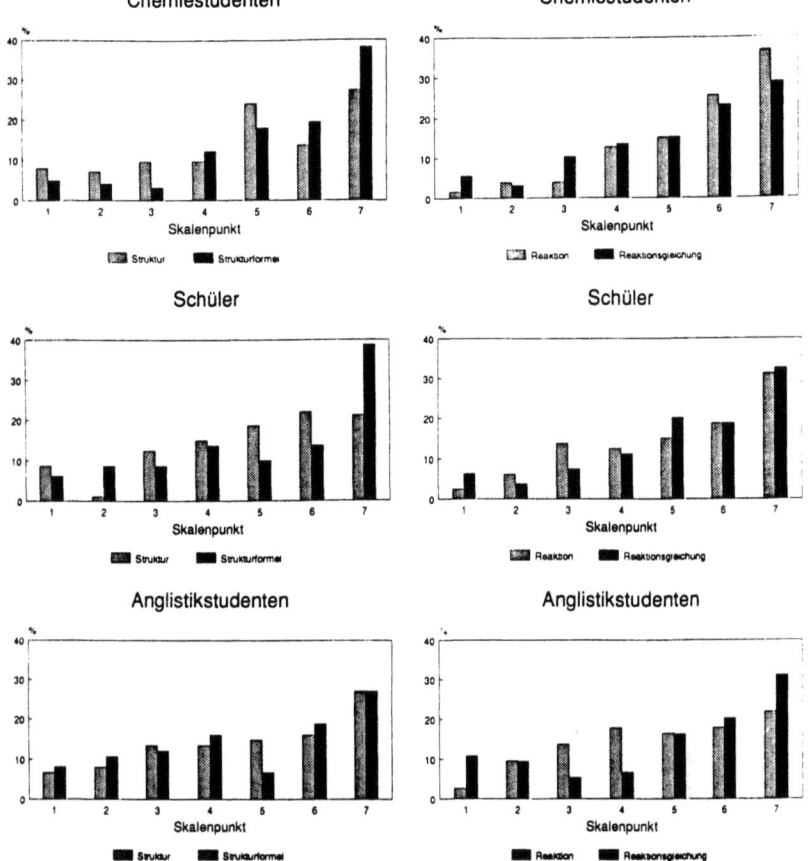

Abb. 8: Häufigkeitsverteilungen der Bewertungen zur Konkretheit der Begriffe Struktur, Strukturformel, Reaktion und Reaktionsgleichung

Sie werden daher mit fünf Begriffen in Beziehung gesetzt, von denen zwei sinnlich wahrnehmbare und drei sinnlich nicht wahrnehmbare Entitäten bezeichnen, um festzustellen, ob dabei Gesetzmäßigkeiten auftreten.

		Chemiestudenten	Schüler	Anglistikstudenten
Salz	Strukturformel	0.05	0.01-	0.08-
Salz	Reaktionsgleichung	0.03	0.10	0.00
Metall	Strukturformel	0.18	0.02	0.13
Metall	Reaktionsgleichung	0.18	0.01	0.07
Atom	Strukturformel	0.34*	0.20	0.18
Atom	Reaktionsgleichung	0.40*	0.09	0.22
Polarität	Strukturformel	0.41*	0.11	0.14
Polarität	Reaktionsgleichung	0.35*	0.27	0.30
Bindung	Strukturformel	0.63*	0.56*	0.37*
Bindung	Reaktionsgleichung	0.45*	0.40*	0.45*

Tab. 27: Korrelationen der Bewertung der Begriffe Strukturformel und Reaktionsgleichung mit solchen, die sinnlich wahrnehmbare und sinnlich nicht wahrnehmbare Entitäten bezeichnen   * = $p<0.001$

Beziehungen der Beurteilung beider Begriffe mit den Bezeichnungen wahrnehmbarer Dinge können bei keiner der drei Probandengruppen beobachtet werden. Daß Strukturformeln bzw. Reaktionsgleichungen ebenso wie Salze bzw. Metalle visuell erfaßt werden können, fällt bei der Beurteilung als Gemeinsamkeit nicht ins Gewicht. Die materielle Beschaffenheit und der Alltagsbezug dieser Begriffe sind zu unterschiedlich. Die Ergebnisse der Begriffspaarungen mit den nicht sichtbaren Entitäten sind bei den Chemiestudenten hoch signifikant, während sich bei den anderen Probanden nur Zusammenhänge mit dem Begriff Bindung aufzeigen lassen. Letzteres deutet darauf hin, daß eine Bindung lediglich als Strich innerhalb einer Konstitutionsformel aufgefaßt wird. Theoretische Aspekte können bei dieser Beurteilung keinesfalls einfließen. Allerdings wird die Möglichkeit, sich ein Bild von diesen Entitäten zu machen, unterschiedlich beurteilt, während die Bewertungen der beiden anderen Eigenschaften wieder hoch signifikant sind. (siehe Anhang VIII)

3.2.5.3 Faktorenanalysen zur Begriffsbeurteilung

Weil bei der Betrachtung einzelner Begriffspaare weder alle Beziehungen angesprochen werden können noch der Gesamtkontext berücksichtigt wird, werden die bisher gemachten Aussagen durch Faktorenanalysen überprüft und gegebenenfalls erweitert. Es wird eine Klassenbildung der Variablen vorgenommen, bei der die Korrelationen aller 32 Begriffe untereinander die Berechnungsgrundlage bilden. Wie schon zur Untersuchung der Begriffseigenschaften, werden auch hier Hauptkomponentenanalysen mit anschließender HARRIS-KAISER-Rotation durchgeführt. Es werden für jede Personengruppe vier Analysen gerechnet. Dabei bilden die Eigenschaften die unabhängigen Variablen. Die Festlegung der Faktorenzahl erfolgt anhand des Kaiserkriteriums. Es sieht vor, daß die erklärte Varianz der zu extrahierenden Faktoren größer 1 ist. Zur Festlegung der Faktorenzahl für alle 12 Analysen wird diejenige zugrunde gelegt, die die kleinste Anzahl Faktoren zuläßt. Es ist die Analyse der Einschätzungen der Verständlichkeit durch die Chemiestudenten, bei der sieben Faktoren extrahiert werden. Damit ist gewährleistet, daß jeder extrahierte Faktor einen größeren Beitrag zur Gesamtvarianz leistet als jede einzelne abhängige Variable. (vgl. ARMINGER 1979) Die Faktorenladungstabellen für alle 12 Analysen sind im Anhang IX aufgeführt. Die durch jeweils sieben Faktoren erklärten Gesamtvarianzen liegen zwischen 55% und 71%. Die Kommunalitäten der 32 Variablen liegen ebenfalls weitgehend in dieser Größenordnung.

Die bisher gemachten Aussagen werden durch die Faktorenanalysen alle bestätigt. Ein Beispiel bildet die Kategorisierung der Namensbegriffe unter der Eigenschaft Konkretheit. Wie sich bei der Betrachtung einzelner Begriffspaare angedeutet hat, wird die Einschätzung dieser Begriffe sowie von Säure und Base von den Chemiestudenten tatsächlich durch einen Faktor erklärt. Die Beurteilungen der Begriffe Salz, Metall und Nichtmetall, die unter dem Aspekt Stoff ebenfalls in diese Klasse fallen, kann dieser Faktor nicht erklären. Sie werden zusammen durch einen anderen Faktor erklärt. Bei den anderen Probandengruppen verteilen sich die Namensbegriffe auf drei Faktoren und treten dort mit weiteren Begriffen zusammen auf. Ebenso wie bei den Chemiestudenten gruppieren sich aber auch bei ihnen die Begriffe Salz, Metall und Nichtmetall. Betrachtet man alle 12 Analysen, so fallen diese Begriffe stets in eine Kategorie, in der die Begriffe Verbrennung, Kupfer, Sauerstoff, Energie und Gleichgewicht teilweise zusätzlich auftreten. Hier deutet sich an, daß die Bedeutung im Alltag ein Kriterium für die Beurteilung sein kann.

Bei den Begriffen Atom, Bindung, Gleichgewicht, Ionengitter, Orbital, Polarität, Reaktion und Struktur spielt dieses Kriterium wohl eine untergeordnete Rolle. Alle diese Begriffe bezeichnen Dinge auf submikroskopischer Ebene. Damit sollten nur wenige Faktoren deren Einschätzungen erklären. Bei den Chemiestudenten ist dieses auch der Fall. Hier fallen die acht Begriffe je nach eingeschätzter Eigenschaft in zwei oder drei Kategorien. Bei den Schülern und Anglistikstudenten laden sie hingegen auf vier bzw. fünf der sieben Faktoren. Wesentliche Gemeinsamkeiten zwischen den Begriffen kommen in diesem Ergebnis nicht zum Ausdruck. Der Begriff Atom nimmt innerhalb dieser Begriffsgruppe nochmals eine Sonderstellung ein. Das macht sich durch seine zum Teil sehr niedrigen Faktorladungen und Kommunalitäten bemerkbar. Die Angaben der Anglistikstudenten zum Begriff Atom werden von allen 32 Begriffen am schlechtesten durch die gebildeten Faktoren erklärt. Die Variabilität ihrer Einschätzungen von Konkretheit des Begriffs Atom wird z.B. nur zu einem Drittel erfaßt.

Energie und Sauerstoff laden nur mit wenigen anderen Begriffen auf gleichen Faktoren. Teilweise treten sie alleine oder zusammen als einzige Vertreter eines Faktors auf. Sie werden also innerhalb der 32 Begriffe isoliert bewertet. Bei einigen Analysen laden sie in gleichem Ausmaß auf mehreren Faktoren. Das führt ebenfalls dazu, daß sie keinem dieser Faktoren zugeordnet werden können.

Die Begriffe Strukturformel und Reaktionsgleichung laden erwartungsgemäß in den meisten Analysen zusammen auf einem Faktor. Entgegen der oben gemachten Annahme, daß die Begriffe Struktur und Reaktion nur schwach dazu assoziiert sind, laden sie hier oftmals auf dem gleichen Faktor. Werden weitere Begriffe durch diesen Faktor erklärt, so sind es stets Bezeichnungen nicht wahrnehmbarer Entitäten. Zwei Ausnahmen davon bilden die Begriffe Periodensystem der Elemente und Experiment, die häufig zusammen mit Strukturformel und Reaktionsgleichung eine Kategorie bilden. Das Periodensystem ist ebenfalls ein visuelles Darstellungsmittel und auch bei der Durchführung von Experimenten können Phänomene visuell wahrgenommen werden. Dennoch kann nicht eindeutig bestimmt werden, ob die Wahrnehmbarkeit hier der gemeinsame Faktor ist. Eine Betrachtung der Korrelationskoeffizienten der Bewertung der Begriffe PSE und Experiment, mit denen die Wahrnehmbares bzw. Nichtwahrnehmbares bezeichnen, deutet nicht darauf hin. (siehe Anhang VIII) Dieses Ergebnis ist analog zu den bereits gemachten Betrachtungen über die Begriffe Strukturformel und Reaktionsgleichung. Dennoch wird deutlich, daß die Probanden diese Begriffe zusammen von den anderen mehr oder weniger stark abgrenzen. Dabei nimmt das Experiment eine ganz andere Funktion ein als die 31 anderen bezeichneten Entitäten. Auch die Probanden räumen diesem Begriff eine Sonderstellung ein, was an den erzielten Kommunalitäten dieses Begriffs unter Verwendung der Bedeutungshaltigkeitseinschätzung deutlich wird. Er erhält die niedrigsten Kommunalitäten aller 32 Begriffe, d.h., daß die Einschätzung der Bedeutung des Begriffs Experiments nur sehr schlecht mit den Faktoren erklärt werden kann, die bei den anderen Begriffen wichtige Kriterien darstellen.

Insgesamt zeigt sich, daß die Beurteilung der Begriffe durch die Chemiestudenten sehr viel systematischer erfolgt als bei den Schülern und Anglistikstudenten. Es kann daraus geschlossen werden, daß sie die Begriffe regelhaft klassifizieren, während dies bei den anderen Probandengruppen nur schwach ausgeprägt ist. Möglicherweise können aber auch nur deren Klassifikationskriterien schwerer nachvollzogen werden.

3.2.6 Auswertung der Zusammenhänge zwischen den Einschätzungen des Alltagsbezugs und den Eigenschaften Konkretheit, Bildhaftigkeit, Bedeutungshaltigkeit, und Verständlichkeit

Im Zuge der bisherigen Auswertung deutete sich mehrfach an, daß möglicherweise der Alltagsbezug (Ab) der Begriffe Einfluß auf die Bewertung der vier Eigenschaften hat. Daraus leitet sich die Hypothese ab, daß ein großer Alltagsbezug zu hohen Bewertungen der anderen Eigenschaften führt. Aus diesem Grund wurde in den letzten Befragungen nach der Einschätzung der vier Eigenschaften zusätzlich die Beurteilung des Alltagsbezugs der Begriffe anhand einer Ratingskala gefordert. Es sollte von den Anglistikstudenten beurteilt werden, inwiefern die Begriffe eine praktische Relevanz haben und im Alltag Verwendung finden.

Die Mittelwerte und Standardabweichungen der Bewertungen der einzelnen Begriffe sind im Anhang X aufgeführt. Es fällt auf, daß die Bewertungen sehr viel polarisierter sind als bei den anderen Eigenschaften. Neben den Begriffen Salz und Metall werden Energie, Gleichgewicht und Sauerstoff, wie durch die bisherigen Ergebnisse erwartet, hoch bis sehr hoch bewertet. Mittlere Einschätzungen werden zu den Begriffen Bindung, Reaktion, Struktur und Atom abgegeben. Dabei kann die Bewertung der ersten drei Begriffe durch deren Alltagsbedeutung beeinflußt sein, was beim Begriff Atom jedoch nicht möglich ist. Daher muß die Auswirkung der Alltagsbedeutung auf die anderen Angaben vorsichtig interpretiert werden. Alle anderen Begriffe werden sehr niedrig bewertet.

Der gebildete Gesamtmittelwert beträgt 3.49 mit einer Standardabweichung von 1.58. Damit ist der Alltagsbezug der Begriffe für die Probanden im Mittel sehr viel geringer ausgeprägt als alle anderen Eigenschaften. Die Standardabweichung des Gesamtmittelwertes ist hingegen recht hoch und deutet nochmals auf die stark gegensätzliche Beurteilung der 32 Begriffe hin. Das zeigt auch die Verteilung der Mittelwerte über die Beurteilungsskala. (Tab. 28)

Mittel-wert	K	B	M	V	Ab
1-1.9	-	6 %	-	-	25 %
2-2.9	9 %	13 %	-	9 %	23 %
3-3.9	19 %	25 %	16 %	13 %	9 %
4-4.9	50 %	34 %	34 %	19 %	25 %
5-5.9	19 %	13 %	41 %	46 %	9 %
6-7.0	3 %	9 %	9 %	13 %	9 %

Tab. 28: Häufigkeitsverteilung der Mittelwerte über die siebenstufige Bewertungsskala

Fast die Hälfte der Begriffe weist einen Mittelwert unter drei auf. Unter keiner der anderen Eigenschaften werden so viele Begriffe niedrig bewertet. Das deutet darauf hin, daß die Einschätzung des Alltagsbezugs und die Beurteilung der anderen Eigenschaften nicht gleichwertig sind. Das drückt sich auch in den Korrelationsanalysen mit den individuellen Angaben der Probanden aus. Deren Ergebnisse sind im Anhang XI detailliert aufgelistet. In Tabelle 29 sind die gemittelten Werte aufgeführt.

Die Ergebnisse der Analysen bestätigen, daß die einzelnen Einschätzungen des Alltagsbezugs deutlich von den Angaben zu den anderen Eigenschaften abweichen. Nur wenige Werte sind signifikant. Die Hypothese muß als statistisch nicht bewährt betrachtet werden.

	K	B	M	V
Alltagsbezug	0.15	0.24	0.19	0.21

Tab. 29: Durchschnittliche Interkorrelation des Alltagsbezugs mit den übrigen Eigenschaften berechnet aus den Individualdaten der Anglistikstudenten

Durch die starke Polarisierung der Einschätzungen ist das Antwortverhalten vollkommen anders als bei den übrigen Eigenschaften. Dort zeichnet sich die Tendenz ab, eine ausgewogene Bewertung abzugeben. Dagegen wird hier eine pauschale entweder - oder Entscheidung gefällt. Möglicherweise wird dabei das Urteil sehr viel spontaner und unrefektierter getroffen. Sicherlich ist die Entscheidung, ob ein Begriff im Alltag relevant ist, auch leichter zu fällen als die Frage nach seiner Konkretheit oder Bildhaftigkeit. Das könnte sich zusätzlich auf das Antwortverhalten auswirken.

3.2.7 Ergebnisübersicht

Die Untersuchung wurde durchgeführt, um einen Einblick zu bekommen, wie Lernende die Konkretheit, Bildhaftigkeit, Bedeutungshaltigkeit und Verständlichkeit von Fachbegriffen beurteilen. Im Vordergrund steht dabei die Frage, ob Zusammenhänge zwischen den Eigenschaften festgestellt werden können.

Bei der Bestimmung der Interkorrelationen der Eigenschaften zeigt sich, daß zwischen der Konkretheit, Bildhaftigkeit und Verständlichkeit deutliche Beziehungen bestehen. Die Bedeutungshaltigkeit der Begriffe spielt dagegen in diesem Eigenschaftsgefüge eine untergeordnete Rolle. Faktorenanalysen belegen diese Aussagen in vollem Umfang. Darüber hinaus kann abgeschätzt werden, daß die Variabilität der Angaben über die drei zusammengehörenden Variablen zu ca. zwei Drittel durch einen gemeinsamen Faktor erklärt wird. D.h. in diesem Ausmaß sind die Kriterien, die bei der Beurteilung der Eigenschaften angelegt werden, voneinander abhängig. Die Bedeutungshaltigkeit wird durch einen weiteren Faktor nahezu vollständig aufgeklärt. Damit haben sich die zu diesem Bereich aufgestellten Hypothesen alle bestätigt. Auch die Annahme, daß die verschiedenen Probandengruppen unterschiedliche Ausprägungen der Eigenschaften angeben, kann belegt werden. Gegenstand der letzten beiden Hypothesen ist die Frage nach Gemeinsamkeiten zwischen den Begriffen. Bei einer inhaltlichen Gruppierung der Begriffe zeigen Korrelationsanalysen, daß sie von Chemiestudenten sehr ähnlich bewertet werden. Das ist bei den Schülern und Anglistikstudenten nicht der Fall. Eine weitere Einteilung der Begriffe erfolgte danach, ob sie wahrnehmbare oder sinnlich nicht erfahrbare Entitäten bezeichnen. Die Vermutung, daß keine Beziehungen zwischen diesen Gruppen auftreten, wird bestätigt. Die Annahme, daß ähnliche Bewertungen der Begriffe innerhalb der Gruppen festzustellen sind, kann hingegen nur für die

Chemiestudenten aufrecht erhalten werden. Insgesamt lassen sich die Bewertungskriterien der Schüler und Anglistikstudenten nicht nachvollziehen. Ihre Einschätzungen sind so heterogen, daß bei den systematischen Einteilungen stets einige Ergebnisse nicht schlüssig erklärt werden können. Die Angaben der Chemiestudenten sind viel homogener. Sicherlich können sie die Begriffe inhaltlich besser kategorisieren, was möglicherweise als Leitlinie für die Bewertung herangezogen wird. Damit können beide Annahmen für die Chemiestudenten weitgehend bestätigt werden, während das für die Schüler und Anglistikstudenten nicht zutrifft. Die Annahme, daß der unterschiedliche Alltagsbezug der Begriffe wesentlichen Einfluß auf die Bewertung der anderen Eigenschaften hat, muß anhand der Beurteilung mittels der Ratingskalen verworfen werden. Die Versuchsteilnehmer sollen daher in einer qualitativen Befragung angeben, welche Kriterien für ihre Beurteilung ausschlaggebend sind.

4 QUALITATIVE UNTERSUCHUNG ZUR KONKRETHEIT UND BILDHAFTIGKEIT CHEMISCHER BEGRIFFE

In den bisher dargestellten Untersuchungen sind Einschätzungen von Begriffseigenschaften mittels Ratingskalen erhoben worden. Daran schließt sich die Frage an, warum Begriffe als konkret oder abstrakt bzw. bildhaft oder unvorstellbar beurteilt werden. Insbesondere die Auslegung von Konkretheit und Bildhaftigkeit durch die Probanden ist interessant, vor allem welche Unterschiede und Überschneidungen dabei auftreten.

4.1 UNTERSUCHUNGSDESIGN

Die Versuchsteilnehmer werden nach der Einschätzung der Begriffe gebeten, in wenigen Sätzen frei zu formulieren, wie sie zu ihrem Urteil gekommen sind. Diese Angaben werden qualitativ ausgewertet. Deshalb können nur wenige Begriffe in den Testabschnitt einbezogen werden. Die Untersuchung beschränkt sich zudem auf die Variablen Konkretheit und Bildhaftigkeit. Die Auswahl der Begriffe erfolgte nach dem ersten Test mit den Chemiestudenten und Schülern. Die Begriffe Atom, Base, Bindung, Energie, Gleichgewicht und Sauerstoff wurden berücksichtigt, weil sie bei der quantitativen Auswertung der ersten Erhebung Besonderheiten zeigten. Säure wurde als Antagonist zu Base und Nichtmetall im Zusammenhang mit dem Begriff Sauerstoff gewählt.

Mit den Chemiestudenten wurde diese Untersuchung nach dem Retest der Ratings durchgeführt. Der Retest konnte aus schulorganisatorischen Gründen nur mit knapp einem Viertel der an der ersten Untersuchung teilnehmenden Schüler durchgeführt werden. Diese Probanden haben auch an der qualitativen Untersuchung teilgenommen. Da deren Anzahl jedoch so klein ist, werden ihre Antworten nicht in der Weise dargestellt wie diejenigen der anderen Teilnehmer. Den Anglistikstudenten wurde dieser Testteil schon bei der ersten Untersuchung vorgelegt.

Unmittelbar nachdem die Probanden die Begriffseigenschaften Konkretheit, Bildhaftigkeit, Bedeutungshaltigkeit und Verständlichkeit anhand der Ratingskalen bewertet haben, sollen sie ihre Einschätzungen erörtern. Dazu erhalten sie einen Erhebungsbogen (Anhang XII) mit der Aufforderung, ihre eben abgegebenen Einschätzungen von Konkretheit und Bildhaftigkeit in wenigen Sätzen zu begründen. Die zusätzliche Beurteilung des Alltagsbezugs anhand von Ratingskalen durch die Anglistikstudenten erfolgte nach diesem schriftlichen Teil.

4.2 ERGEBNISSE

4.2.1 Kriterien zur Beurteilung von Konkretheit und Bildhaftigkeit chemischer Begriffe

Die Begründungen[10] der einzelnen Beurteilungen sind vielfältig. Sie lassen sich jedoch in mehrere übergeordnete Kategorien einordnen: Wissen, Wahrnehmung, Alltagsbezug, Beispiele, Eigenschaften, Modelle, Formeln, keine bzw. nicht auswertbare Angaben. Von Begriff zu Begriff treten dabei unterschiedliche Aspekte in den Vordergrund. Dadurch wird ein direkter Vergleich der Begründungen aller Begriffe untereinander erschwert. Die prozentuale Verteilung der Begründungen der acht Begriffe auf alle übergeordneten Kategorien ist im Anhang XIII wiedergegeben. Dabei wurde nach begründeter Begriffseigenschaft und Personengruppe unterschieden. Anhand von Beispielen wird auf die einzelnen Kategorien eingegangen. Dabei zeigt sich, daß dasselbe Kriterium bei verschiedenen Probanden zu vollkommen konträren Beurteilungen führen kann. Die individuellen Ansichten spielen hier offensichtlich eine überaus große Rolle. Vor allem bei der Konkretheit/Abstraktheit ist zu erkennen, daß diese Eigenschaft von den Teilnehmern verschieden ausgelegt und definiert wird.

Zu etwa einem Drittel der Begriffseinschätzungen werden gar keine Begründungen oder solche, die nicht auszuwerten sind, abgegeben. Darunter fallen Antworten als Begründungen der Konkretheit wie z.B.: *"Der Begriff Sauerstoff ist recht konkret."*; *"Abstraktum"* (Energie) oder *"Nicht sehr konkret, da eine Bindung z.B. zweier Stoffe für mich abstrakt ist."* Nicht verwertbare Begründungen der Bildhaftigkeit sind beispielsweise: *"Eine klare Vorstellung."* (Säure); *"Nicht sehr ergiebig."* (Bindung); *"Energie ist nicht besonders bildhaft."* oder *"Klare Sache."* (Nichtmetall) Der Anteil nicht verwertbarer Antworten ist bei Bildhaftigkeit größer als bei Konkretheit. Dies ist sowohl bei den Chemiestudenten als auch bei den Anglistikstudenten festzustellen. Bei der folgenden Analyse der inhaltlichen Kategorien beziehen sich die Häufigkeitsangaben auf die auswertbaren Antworten. In Tabelle 30 sind diese Werte zusammengefaßt.

Als der bedeutendste Aspekt zur Begründung der Konkretheit eines Begriffs muß das **begriffliche Wissen** angesehen werden: *"Ganz konkret ist ein Begriff nur, wenn man weiß was dahinter steckt."* Über 40% der Antworten dazu verweisen ausschließlich auf kognitive Aspekte. Zum einen wird angegeben, daß die angelernten Kenntnisse bzw. die Unwissenheit über den Begriff zu dem Urteil geführt haben. Zum anderen sind es Sätze, in denen Wissen artikuliert wird, und zum dritten wird auf die Definierbarkeit der Begriffe abgehoben.

---

10 Die Begründungen werden ohne jede Veränderung von den Testbögen übernommen.

Chemiestudenten

Konkretheit	Atom	Bi	En	Gl	Sa	Nm	Sä	Base	Ges
Wissen	44	39	15	55	31	55	46	53	42
Vorstellung	3	4	-	3	6	3	-	3	3
Wahrnehmung	8	9	13	3	2	3	14	7	7
Alltagsbezug	-	7	13	18	9	-	3	10	8
Beispiele	-	4	26	-	-	5	2	4	5
Eigenschaften	-	-	29	9	19	18	23	15	14
Modelle	25	16	-	-	-	5	-	-	6
Formeln	-	7	-	-	4	-	-	-	1
andere Antwort	20	14	4	12	29	13	12	8	14

Bildhaftigkeit	Atom	Bi	En	Gl	Sa	Nm	Sä	Base	Ges
Wissen	8	4	10	17	3	13	23	20	12
Wahrnehmung	8	4	19	3	8	3	10	8	8
Alltagsbezug	-	7	13	51	16	4	15	28	17
Beispiele	-	3	38	-	-	30	6	8	11
Eigenschaften	-	-	6	5	4	25	27	16	10
Modelle	82	51	-	-	34	8	-	-	22
Formeln	-	21	-	-	11	-	-	-	4
andere Antwort	2	13	14	24	24	17	19	20	16

Anglistikstudenten

Konkretheit	Atom	Bi	En	Gl	Sa	Nm	Sä	Base	Ges
Wissen	44	26	40	40	26	29	50	59	39
Vorstellung	7	8	4	9	10	3	4	13	7
Wahrnehmung	7	12	13	2	15	6	-	1	7
Alltagsbezug	-	24	24	25	14	5	5	-	12
Beispiele	-	4	5	-	-	1	4	1	2
Eigenschaften	-	-	6	1	4	8	29	13	8
Modelle	18	10	-	-	-	-	-	-	3
Formeln	2	-	-	-	9	-	-	-	1
andere Antwort	22	16	8	23	22	48	8	13	20

Bildhaftigkeit	Atom	Bi	En	Gl	Sa	Nm	Sä	Base	Ges
Wissen	16	10	5	6	-	6	5	2	6
Wahrnehmung	11	14	18	-	45	15	5	7	15
Alltagsbezug	-	29	26	89	33	8	18	9	27
Beispiele	-	-	15	-	-	29	5	7	7
Eigenschaften	-	-	34	2	2	13	32	16	12
Modelle	70	21	-	-	5	-	-	-	12
Formeln	2	20	-	-	12	-	2	26	8
andere Antwort	-	6	2	3	3	29	33	33	13

Tab. 30: Anteil der Nennungen in den Begründungskategorien

Beispiele für den ersten Typ sind u.a.: *"Man weiß eben was es ist."* (Atom C); *"Gut gelernt, nichts neues, unkonkretes."* (Atom C); *"Ich finde Sauerstoff abstrakt, obwohl er überall da ist. Man kann ihn nicht beschreiben."* (A); *"Ausreichend durchdacht."* (Gleichgewicht C); *"Ein "konkretes" Wissen um die Beschaffenheit des Atoms."* (A); *"Gelernt, was es ist."* (Bindung C) Dabei führt die Kenntnis des Begriffs in der Regel zu einer hohen und die Unkenntnis zu einer niedrigen Bewertung.[11] Ein Proband (A) schreibt: *"Man weiß was es ist (das Gleichgewicht), aber kann es nicht beschreiben wie z.B. Tisch"* und bewertet den Begriff mit eins. Der Proband unterscheidet offensichtlich zwischen lexikalisch gespeichertem Wissen und aktiv handzuhabenden Wissen, wobei ersteres für ihn nicht zur Konkretisierung eines Begriffs beiträgt. In diesem Punkt ergeben sich die ersten Differenzen zwischen den Probanden. So schreibt beispielsweise ein Teilnehmer (A), der die Konkretheit von Base mit sechs bewertet: *"Nur als Definition bekannt."* Den eher anwendungsbezogenen Aspekt berücksichtigt er bei der Bildhaftigkeit, die er mit zwei bewertet, und begründet: *"Keine Vorstellung was eine Base verursacht."*

Bei Konkretheit wird häufig auf die Definition verwiesen, woraus aber unterschiedliche Bewertungen resultieren. So schreiben zwei Anglistikstudenten zum Begriff Atom: *"Sehr konkret, da genau definiert"* und *"Relativ abstrakt, obwohl genau definiert."* Ein Chemiestudent erklärt beim Begriff Base: *"Abstrakter Begriff, nur durch Definition willkürlich festgelegt."* Zum Teil sind die Urteile darüber, welchen Einfluß die Definierbarkeit auf die Konkretheit hat, nicht auf ein einheitliches Maß zurückzuführen, denn ein Proband (A) meint: *"Sauerstoff kann man genau definieren, daher sehr konkret"* und später *"Energie kann man zwar definieren, aber sie ist komplizierter als ein Sauerstoffteilchen."* Offensichtlich ist hier nicht ausschließlich das definitorische Wissen ausschlaggebend für die Beurteilung, sondern es ist mit weiteren Variablen konfundiert.

Ein Teil der Probanden gibt keine Begründung an, sondern formuliert sein Wissen zu den Begriffen: *"Element, bildet 2-fach negative Ionen aus, 8. Element des PS, 6 Elektronen auf der Außenschale."* (C); *"NaOH dissoziert in Wasser zu OH^- und Na^+, pH-Wert über 7."* (C); *"Chemische Reaktionen hören auf, wenn ein Gleichgewicht entstanden ist."* (A); *"Atome gehen Bindungen ein, indem sie Energie abgeben. Feste Bindungen können durch Zufuhr von Energie gelöst werden."* (A); *"Reaktion bei der fast nur Elektronen reagieren. Die Orbitale der Moleküle werden zusammengeschweißt."* (A) Wie schon diejenigen, die als Begründung angeben, daß sie etwas über den Begriff wissen, schätzen auch diejenigen, die ihre Kenntnisse formulieren, die Konkretheit dieser Begriffe in der Regel hoch ein. Aber auch hier kommen zwei Probanden (C) zu stark differierenden Einschätzungen (2 und 7), obwohl sie ähnlich argumentieren: *"Hin und Rückreaktion laufen gleich schnell ab."* und *"Zwei Stoffe reagieren miteinander und bilden neue Moleküle. Die*

---

[11] Skalenpunkt 1 = abstrakt, Skalenpunkt 7 = konkret

gleiche Reaktion läuft rückwärts > Gleichgewicht ..."

In weiteren knapp 30% der Antworten wird angegeben, daß man Eigenschaften, Reaktionen, Modelle oder Alltagsanwendungen der bezeichneten Dinge kennt oder etwas darüber weiß, z.B.: *"Kenntnisse der Reaktionen, Vorkommen, Molekülgrösse und Aussehen."* (Sauerstoff C); *"Kenntnisse über Reaktionen und Eigenschaften vorhanden."* (Nichtmetall C); *"Ich weiß was Säuren sind und was sie bewirken können."* (A) Diese Angaben werden zu den jeweils angesprochenen Kategorien gezählt, die genannten Beispiele also zur Kategorie Eigenschaften, denn sie werden so interpretiert, daß das Bezeichnete als Träger der Eigenschaft konkret wird. In über zwei Drittel der Begründungen von Konkretheit wird direkt oder indirekt mit Kenntnissen über die Begriffe argumentiert. Dieser Anteil ist bei den Anglistik- und Chemiestudenten vergleichbar hoch. Als Begründung für die Bildhaftigkeit eines Begriffs spielt das begriffliche Wissen eine untergeordnete Rolle. Nur 6% der Anglistikstudenten und 12% der Chemiestudenten stützen sich bei ihrer Argumentation allein auf diesen Aspekt. Auf die Definierbarkeit der Begriffe wird an dieser Stelle gar nicht mehr verwiesen. Damit bildet der Aspekt des begrifflichen Wissens für die Probanden einen wichtigen Unterschied zwischen Konkretheit und Bildhaftigkeit. Nur wenige formulieren es so drastisch wie ein Student (A), der als Begründung zu dem für ihn konkreten (7) Begriff Base schreibt: *"Besitzt keine Bildhaftigkeit. Man muß wissen, worum es sich handelt."* Ein anderer meint: *"Mehr rational erfaßbar als bildhaft."* (Energie A) 'Rationales' begriffliches Wissen wird eher mit Konkretheit verbunden als mit Bildhaftigkeit. Dies zeigt sich deutlich an dem Anteil der Nennungen zu den beiden Variablen. Jedoch weisen einige Teilnehmer auch auf einen direkten kausalen Zusammenhang zwischen Bildhaftigkeit und Wissen hin: *"Da ich den Begriff verstehe, habe ich auch eine ziemlich bildhafte Vorstellung."* (Bindung A); *"Aufgrund von Unwissenheit keine genaue Vorstellung."* (Atom A)

Häufiger wird die Bildhaftigkeit bzw. **Vorstellbarkeit** über die Konkretheit mit Wissen in Verbindung gebracht. 5% der Teilnehmer verbinden in ihrer Begründung zur Konkretheit diese Gesichtspunkte: *"Ist wegen seiner Bildhaftigkeit einigermaßen konkret"* (Atom A); *"Da ich mir Energie nicht vorstellen kann, ist sie für mich auch nicht konkret erklärt."* (A) In vielen Antworten kommt zum Ausdruck, daß die Probanden die Vorstellung als Bindeglied zwischen begrifflichem Wissen (Konkretheit) und Anschauung (Bildhaftigkeit) verstehen. Wie die Antworten zeigen, nähern sie sich sowohl von der kognitiven Seite: *"Das Wissen über Sauerstoff (chemisch, physikalisch) ermöglicht eine relativ konkrete Vorstellung."* (C); *"Durch Lernen angeeignet, deshalb konkrete Vorstellung."* (Sauerstoff C) als auch von der anschauungsgebundenen Seite: *"Eher abstrakt, es gibt zwar Sauerstoffmodelle, aber man kann Sauerstoff nicht sehen. Es bleibt die Vorstellung."* (A); *"Man kann es nicht sehen oder fühlen (das Atom), sondern muß es sich vorstellen."* (A)

Es stellt sich nunmehr die Frage, was an bildlichen Vorstellungen anders ist als am begrifflichen Wissen. Man könnte annehmen, daß die Probanden zur Begründung von Bildhaftigkeit sehr viel häufiger auf den Aspekt der sinnlichen **Wahrnehmung** eingehen als bei Konkretheit. Dies ist aber nicht zu beobachten. Bei den Chemiestudenten fallen sowohl bei Konkretheit als auch bei Bildhaftigkeit 8% der Antworten in diese Kategorie. Am häufigsten wird von ihnen beim Begriff Energie damit argumentiert, daß man sie nicht wahrnehmen könne. Es ist gleichzeitig der Begriff, bei dem die wenigsten Probanden mit ihrem Wissen argumentieren. Bei den Anglistikstudenten ist der Anteil der Antworten, die sich auf die sinnliche Wahrnehmung beziehen, zur Variablen Konkretheit noch genauso groß wie bei den Chemiestudenten, zur Bildhaftigkeit jedoch doppelt so hoch. Hier fällt vor allem auf, daß fast die Hälfte aller Probanden bei dem Begriff Sauerstoff angibt, daß er nicht bildhaft sei, weil man ihn nicht sehen kann. Wird die sinnliche Wahrnehmung in der Begründung angesprochen, dann beziehen sich bei der Konkretheit beide Personengruppen ganz überwiegend auf die visuelle Wahrnehmung. Sie führen an, daß man z.B. Säuren oder Nichtmetalle sehen und erkennen kann, während z.B. Atome und Energie nicht sichtbar sind. Einige Studenten bemerken bei letzteren zusätzlich, daß man sie nicht fühlen kann. Damit wollen sie vermutlich darauf hinweisen, daß diese Begriffe nicht als materielle Grundlage für Gegenstände aufgefaßt werden. Wird auf die Bildhaftigkeit eingegangen, so werden viel häufiger auch die anderen Sinneswahrnehmungen angesprochen. Bei der Energie wird oftmals auf die Wärmeempfindung hingewiesen. Der Begriff Säure ruft die Vorstellung eines sauren Geruchs und Geschmacks hervor. Zum Begriff Base wird auf das seifige Gefühl hingewiesen und bei Nichtmetall wird die Greifbarkeit angemerkt.

Diese Assoziationen beruhen auf Alltagserfahrungen. So ist es auch folgerichtig, daß Erklärungen, die in die Kategorie **Alltag** fallen, häufiger zur Begründung der Bildhaftigkeit eines Begriffs herangezogen werden als zur Begründung der Konkretheit. In beiden Gruppen beträgt das Verhältnis der Anteile zwei zu eins. Insgesamt geben die Anglistikstudenten jedoch sehr viel häufiger einen Alltagsbezug an als die Chemiestudenten. Zum Ausdruck kommt er in vielfältiger Weise. Einige Probanden führen an, daß sie den Begriff aus dem Alltag kennen und ihn daher als konkret bzw. als bildhaft einstufen. *"Gehört zum Alltag."* (Energie C); *"Findet man in Alltagsdingen wieder."* (Nichtmetall C); *"Da im allgemeinen Sprachgebrauch vorhanden und da man auch relativ viel Alltagswissen darüber besitzt."* (Nichtmetall A); *"Eher konkret als Begriff Base, da häufiger alltagssprachlicher Umgang und Verständnis."* (Säure A) Andere beschreiben ihre alltäglichen Erfahrungen. Die meisten von ihnen haben zuvor auf der Ratingskala eine hohe Bewertung abgegeben. *"Energie wird auf und abgeladen."* (A); *"Kommt aus der Steckdose."* (A); *"Batterie aufladen"* (A); Zum Begriff Energie treten aber auch Assoziationen zu Feuer, Flammen, Verbrennung, Glut oder Blitzen auf. Auch zum Begriff Base werden viele Alltagsassoziationen aufgezählt: *"Stammt aus der Alltagswelt, Putzmittel und ähnliches."* (A); *"Schüssel mit Seifenwasser."* (A) Teilweise werden auch Szenen oder Situationen beschrieben, z.B. zur Säure: *"Durch starke Reaktionen und durch Warnungen von Chemielehrern: Zuerst Wasser, dann H_2SO_4, sonst spritzt es."* (A); *"Salpetersäure zersetzt das Schneckengehäuse einer Weinbergschnecke."* (A); *"Säure relativ bildhaft, da typische Alltagssäure meist flüssig ist und mit anderen Stoffen schäumt."* (A) oder: *"Batteriesäure, macht Klamotten kaputt."* (C) Zum Begriff Sauerstoff wird geschrieben: *"Kerze die brennt, erlischt unter Glocke nach einiger Zeit."* (A) oder: *"Man stellt sich vor, Blasen, blubbern z.b. Taucher mit Sauerstoffflasche."* (A) Selbst nicht wahrnehmbare Vorgänge werden in dieser Weise verarbeitet: *"Ich kann mir vorstellen, daß ein Atom auf ein anderes trifft und sagt: 'Hey, wollen wir uns binden!'"* (A); *"Bildhafte Vorstellung nur in Verbindung mit Aktionen."* (Energie A); *"Dinge die dadurch bewegt werden."* (Energie A) Offensichtlich hat der Alltagsbezug von Fachbegriffen bzw. den bezeichneten Inhalten doch eine ganz wesentliche Bedeutung, vor allem für die Probanden, die sich nicht im Detail mit diesen Begriffen und Inhalten auseinandersetzen. Ein Teilnehmer schreibt: *"Ich weiß was eine Base konkret ist, dennoch ist Base für mich abstrakter als Sauerstoff oder Energie, weil ich sie in Bezug auf den Alltag wenig kenne."* (A) Bei einigen Erklärungen mutet es an, als ob die fachlichen Gesichtspunkte des Begriffs gar nicht berücksichtigt werden, obwohl dies aufgrund einzelner Sätze nur schwer zu beurteilen ist. Deutlich wird es jedoch durch folgende Aussagen: *"Man kann sich Energie vorstellen in Verbindung mit körperlicher Verausgabung, jedoch nicht in der Chemie."* (A); *"Relative Konkretheit des Begriffs leite ich aus dem alltagssprachlichen Umgang mit diesem Begriff ab - aber nicht sehr konkret, da der Begriff im chemischen Bereich mehr beinhaltet."* (Gleichgewicht A); *"Eigentlich ein konkreter Begriff, aber in der Chemie?"* (Gleichgewicht A) Diese Probanden bewerten die Eigenschaften niedrig, da sie die Bewertung in bezug auf den chemischen Kontext abgeben. Andere unterscheiden ebenfalls zwischen dem Alltagsbezug und dem Fachbezug des Begriffs, beurteilen aber bewußt den allgemeinen Anteil und das führt zu einer hohen Bewertung. "Man muß sich in der Chemie auskennen, um zu wissen was der Begriff hier meint. Als Synonym für ätzend allgemein gültig und hier konkret." (Säure A) Dies tritt gehäuft bei den Begriffen Bindung und Gleichgewicht auf, vor allem bei den Anglistikstudenten. *"Hauptsächlich Assoziationen mit nichtchemischen Bedeutungen."*; *"Läßt sich aus alltäglichem Gebrauch ableiten und daher vorstellen was gemeint ist."*; *"Relativ bildhaft, da man Gegenstände kennt, die miteinander verbunden sind."* Dieser Umstand erklärt die auffälligen Korrelationskoeffizienten dieser Begriffe im ersten Untersuchungsabschnitt. Beim Begriff Bindung ist es in weiten Grenzen noch möglich, direkte Parallelen zwischen Bindungsphänomenen im Alltag und in der Chemie zu ziehen, obwohl schon folgende Aussagen problematisch sind: *"Leicht vorstellbar, da es ein Begriff aus dem Alltag ist. Man kann sich das Festhalten zweier oder mehrerer Stoffe vorstellen."*; *"Etwas Gebundenes gegenüber etwas Gelöstem."* Noch drastischer stellt sich dieses Problem im Hinblick auf den Chemieunterricht bei der direkten Übertragung der Alltagsvorstellungen vom Gleichgewicht auf das chemische Gleichgewicht. *"Unter einem Gleichgewicht kann *ich mir konkret etwas vorstellen, da ich das Wort aus der Alltagssprache kenne. Auf beiden Seiten die gleiche Gewichtung."*; *"Man kann sich gut eine Waage im Gleichgewicht vorstellen."*; *"Gleiche Anteile von Stoffen."*; *"Zwei oder mehr Teile sind sich in mindestens einer Hinsicht (nämlich die, auf die man sie untersucht) gleich. ..."*; *"Gleichgewicht von verschiedenen Dingen oder Stoffen ist konkret, weil es alltäglich ist."*; *"Sehr konkret, wenn man weiß, daß chemische (Ver)Bindung nach Gleichgewicht strebt, um stabil zu bleiben."* Die häufigsten Verknüpfungen werden sowohl bei den Anglistik- als auch bei den Chemiestudenten mit der Waage formuliert. Letztere deuten dabei oftmals an, daß dies nur ein 'Anschauungsmodell' ist, das zu einem direkten Vergleich nur bedingt tauglich ist. Ein Proband (C) erklärt: "Waage, die aber nicht unbedingt im Gleichgewicht stehen muß und trotzdem ein Gleichgewicht darstellt." Obwohl auch hier Parallelen zu einem Phänomen aus dem Alltag gezogen werden, so wird es doch nicht als Analogon verstanden.

Analogien wie z.B. *"Energie fließt wie Wasser durch die Leitung."* (A) oder der Vergleich der chemischen Bindung mit der Bindung zweier Magneten dienen nur selten zur Erläuterung der Bildhaftigkeit. Häufiger werden dagegen **Beispiele** angegeben. Vor allem beim Begriff Energie fällt ein großer Anteil der Antworten in diese Kategorie. Hier sind es Wärme, Licht und Bewegung, die als Formen der Energie genannt werden. Sie weisen wiederum einen deutlichen Bezug zum Alltag auf: *"Wird bei jeder Bewegung des Körpers oder von Maschinen gebraucht, allgegenwärtig."* (A) Interessant sind die unterschiedlichen Beispiele der Anglistik- und Chemiestudenten für Nichtmetalle. 85% der Anglistikstudenten geben die aus dem Alltag bekannten Werkstoffe Holz, Glas, Gummi, Papier, Plastik etc. an. Einige zählen Elemente (Schwefel, Chlor) oder Hauptgruppen (Halogene, Edelgase) auf und einer verweist darauf, daß Lebewesen aus Nichtmetallen bestehen. Bei den Chemiestudenten ist dieses Verhältnis nahezu umgekehrt. Nur knapp ein Viertel der Beispiele sind keine Elementnamen. Dabei werden ebenfalls die oben genannten Werkstoffe erwähnt, und ein Proband schreibt 'organische Verbindungen'. Hier zeigt sich gleichzeitig, daß für verschiedene Personengruppen unterschiedliche Bezüge zum Alltag auftreten, sowohl Lebensalltag als auch Laboralltag müssen darunter gefaßt werden.

Unter der Kategorie **Eigenschaften** werden vier verschiedene Aussagetypen zusammengefaßt, nämlich die Auflistung von Eigenschaften, der Verweis, daß man Stoffe an ihren Eigenschaften erkennt, der Hinweis auf die Wirkung oder Auswirkung von Stoffen und die Angabe der Nachweisbarkeit und Reaktionsfähigkeit der bezeichneten Stoffe. Dabei fällt auf, daß das Aufführen der Eigenschaften meistens als Begründung der Bildhaftigkeit dient. Dabei werden zur Beschreibung ausdrucksstarke Verben und Adjektive verwendet, die in den Begründungen der Konkretheit nur selten auftreten: aggressiv, ätzend, blubbern, dampfen, flüssig, formbar, frisch, fressen, geben, glitschig, matt, milchig, mild, nehmen, sauer, schäumen, seifig, spritzig, sprudeln, stinken, zischen. Diese

Äußerungen passen zur Beschreibung tatsächlich wahrnehmbarer Vorgänge. Anders ist das bei Aussagen wie der folgenden: *"klein, viel Energie enthalten, gefährlich".* (Atom A) Hier werden unter der Eigenschaft Bildhaftigkeit auch Gefühle wiedergegeben. Obwohl Äußerungen dieser Art nur selten gemacht werden, zeigen sie die unterschiedliche Qualität von Bildhaftigkeit gegenüber Konkretheit. Die Verteilung der Begründungen hängt auch vom jeweiligen Begriff ab. Bei Energie wird überwiegend auf deren Wirkung und Nutzen hingewiesen. Zum Sauerstoff wird angegeben, daß er nachgewiesen werden kann und vielfältige Reaktionen eingeht. Bei Säure und Base wird einerseits die Nachweisbarkeit mittels eines Indikators betont und andererseits werden verschiedene Eigenschaften aufgeführt. Zum Nichtmetall wird oftmals die matte Oberfläche und das Fehlen der Leitfähigkeit erwähnt.

In den Begründungen zu den Begriffen Atom und Bindung wird von beiden Probandengruppen häufig auf **Modelle** Bezug genommen. Bei Konkretheit/Abstraktheit wird in über 40% der Aussagen auf die Atom- bzw. Bindungstheorien Bezug genommen. In der Regel geht damit eine niedrige Konkretheitseinschätzung einher. *"Atommodell recht kompliziert (Orbitale, Anziehungskräfte) ..."* (A); *"Beschreibungsmodell"* (A) *"Bohr'sches Atommodell"* (C); *"Es gibt doch wohl mehrere Atommodelle, von denen mir nur Teilstücke in > Erinnerung sind."* (A) In Aussagen zur Bildhaftigkeit beziehen sich nicht einmal 10% der Angaben auf die Theorien. Die Hälfte der Antworten weist direkt auf Anschauungsmodelle. Darunter sind sowohl Abbildungen als auch Kugel- und Kalottenmodelle zu verstehen. Sie werden überwiegend als konkret und bildhaft eingestuft: *"Modelle lassen die Möglichkeit, sich ein Bild zu machen"* (7 C); *"Atommodell erscheint mir konkret, ist in der Schule ja auch zum Anfassen da."* (7 A); *"Atombilder und räumliche Figuren aus meinem damaligen Chemieunterricht."* (7 A); *"Punkt mit Ringen drumherum (ähnlich Planetensystem)"* (6 A); *"Kugel"* (7 C) *"Zwei Kugeln die aneinander haften."* (7 Sauerstoff A) Aber nicht alle Probanden teilen diese Ansichten: *"Bildhaftigkeit sehr gering aufgrund von Modellen, aber nicht der Wirklichkeit."* (1 A); *"Kugel"* (3 C); *"Man kann es sich als Kugel vorstellen, ist es aber nicht."* (1 C); *"Nur von den Plastikmodellen."* (4 A); *"Das Schema (Modell) leuchtet ein, schwierig auf Realität umzusetzen."* (2 A) Diese Angaben deuten darauf hin, daß man sich durch Modelle zwar Bilder machen kann, aber sie scheinen nicht immer hinreichend für befriedigende Umsetzungen in Problemsituationen zu sein. Wie die Beziehung zwischen einem Modell und dem, was es beschreibt bzw. darstellt, beurteilt wird, deutet sich in vielen Begründungen ansatzweise an. *"Auch als Modelle noch sehr abstrakt und wiedersprüchlich."* (C); *"Atome haben für mich durch ihre Modellhaftigkeit eher etwas abstraktes und sind konkret nicht faßbar."* (A); *"Ich kenne zwar verschiedene Modelle, kann es* (das Atom) *in der natürlichen Erscheinung jedoch nicht sehr gut vorstellen."* (A) Ein Proband erklärt zur Konkretheit vom Atom: *"Sehr abstrakt, da nicht sichtbar und nur als Modell vorstellbar."* Ein weiterer Teilnehmer bewertet die Bildhaftigkeit sehr hoch (7) und formuliert dazu: *"Die verschiedenen Modelle (bunte Kugeln), als Atom an sich:*

keine Vorstellung (1)." (A) Die Modelle sind offensichtlich weitgehend bekannt, vermögen aber nicht, vor allem bei den Anglistikstudenten, zu überzeugen.

Ebenso wie (Anschauungs-) Modelle werden auch **Formeln** öfter in den Begründungen der Bildhaftigkeit als der Konkretheit erwähnt. Die Ansichten über die Konkretheit und Bildhaftigkeit von Formeln, (in der Regel sind Summen- und Konstitutionsformeln gemeint, selten Reaktionsgleichungen) gehen, wie schon bei den Modellen, auseinander. Für die einen ist der Strich in einer Konstitutionsformel die Bindung: *"Striche"* (7 C); *"Durch Strichformel leicht vorzustellen."* (6 C); *"Bild von Elektronenstäbchen oder Dreiecken."* (5 A); *"Die Vorstellungen (von Bindungen), die einem als Bilder in der Chemie vermittelt werden, z.B. H-Cl."* (5 C) Diese Aussagen erklären die relativ hohen Korrelationen zwischen den Bewertungen der Begriffe Bindung und Strukturformel im ersten Untersuchungsabschnitt. Für andere Probanden ist ein Strich nur ein unzureichendes Symbol für etwas nicht Wahrnehmbares, was dadurch nicht vorstellbarer wird: *"Bindungen kann man zwar versuchen darzustellen, aufzuzeichnen, aber ob man sie in ihrer Existenz erfährt, bleibt in Frage gestellt."* (3 A); *"Da man es (Bindung) nicht sieht, kann ich mir es nicht so gut vorstellen, Striche fallen mir dazu ein."* (2 C) Vergleichbare Aussagen werden auch zu den Stoffen gemacht. Ein Anglistikstudent findet Sauerstoff *"aufgrund der Strukturformel"* sehr bildhaft, und ein weiterer bewertet die Bildhaftigkeit mit 1 und schreibt: *"Mit Formeln kann man Basen sichtbar machen, aber sehen kann man sie nicht."* Bei vielen Anglistikstudenten fällt auf, daß sie Formeln offensichtlich als unverständlich empfinden. Dennoch scheinen ihnen diese Darstellungsmittel so charakteristisch für die Chemie zu sein, daß sie es als notwendig empfinden, sie zu erwähnen und darauf Bezug zu nehmen. *"Als Flüssigkeit vorstellbar, aber als Formel?"* (Säure); *"In Form von Formel muß sie sein (die Bildhaftigkeit), aber welche, keine Ahnung."* (Base); *"Man kennt landläufig die Strukturformel nicht oder kann nichts damit anfangen."* (Sauerstoff)

Alle Begründungen, die diesen Kategorien nicht zugeordnet werden können, fallen in die Kategorie **andere Antworten**. Dabei handelt es sich überwiegend um begriffsspezifische Angaben. Eine Ausnahme davon bilden die Verweise, daß es sich bei Worten um Klassenbegriffe oder Ordnungsbegriffe für eine Vielzahl von Beispielen handelt. Aufgrund dessen werden vor allem die Begriffe Säure, Base und Nichtmetall aber auch Energie und Bindung von einigen Probanden, insbesondere Anglistikstudenten, als abstrakt und nicht bildhaft eingestuft. *"Schlecht bildlich vorstellbar, da eine Gruppenbezeichnung. Die Mitglieder der Gruppe sind äußerlich recht unterschiedlich."* (A); *"Ist nicht konkret, da auf viele Bereiche anwendbar."* (A) Bei den Anglistikstudenten tritt noch eine Besonderheit auf. Die Begriffe Sauerstoff und vor allem Nichtmetall werden in ihre zwei Wortbestandteile zerlegt und diese einzeln interpretiert. Anschließend wird aus den beiden Interpretationen eine Bedeutung gebildet. Es wird überwiegend angegeben, daß der Begriff dadurch konkret und vorstellbar wird. *"Der Begriff spricht für sich* *selber - kein Metall, also konkret."; "Als Gegenteil von einem Begriff eindeutig."* Es zeigt sich, daß diese Strategie vordergründig zu Ergebnissen führt, diese sind jedoch nicht sinnvoll nutzbar. *"Alles außer Metall - nur was?"; "Die Eigenschaften der Metalle fehlt. Aber welche Eigenschaften Metalle haben, weiß ich nicht."; "Alles was kein Metall ist oder kein Metall hat ..."; "Durch eine gewisse Vorstellung von Metall wird die bildhafte Vorstellung einfach abgeleitet."* In diese Kategorie fallen zum Begriff Nichtmetall auch die Angaben, daß es sich dabei um Gase oder Flüssigkeiten handelt. Die Anglistikstudenten erwähnen in diesem Zusammenhang häufig auch Pulver. Seltener wird erwähnt, daß es allgemein Stoffe oder Materialien sind. Daß es eben keine Materie ist, wird oftmals zum Begriff Energie vermerkt. Sehr viele Antworten zur Konkretheit fallen beim Begriff Sauerstoff in die Kategorie alternative Antworten. Sie beziehen sich mehrheitlich darauf, daß er lebensnotwendig ist. *"Da Leben ohne Sauerstoff nicht möglich."* (A); *"Sauerstoff brauche ich zum Atmen, deshalb sehr konkret."* (C) Als bildhafte Vorstellung von Säuren und Basen wird vorwiegend von Anglistikstudenten 'Flüssigkeit' angegeben. Die Chemiestudenten äußern eher, daß es sich dabei um Teilchen oder Moleküle handelt, oder sie geben an, daß sie Erfahrung im Umgang mit diesen Stoffen haben. In sehr vielen Antworten zur Konkretheit von Atomen werden diese als kleinste Teilchen oder Grundbausteine bezeichnet. Trotz dieses Wissens und der Kenntnis, daß alles aus ihnen aufgebaut ist, gehen die Meinungen, ob Atome konkret oder abstrakt sind, auseinander: *"Relativ konkret, da alle Gegenstände aus Atomen bestehen."* (6 C); *"In der Realität vorhanden, obwohl zu klein, um erkennbar zu sein."* (7 A); *"Alle Stoffe bestehen aus Atomen, doch Atome kann man nicht sehen, noch existieren sie frei in der Natur ..."* (1 A); *"Es gibt sie, man kann sie spalten, doch eine Vorstellung ... habe ich nicht."* (1 A) Von Anglistikstudenten wird zum Begriff Atom wiederholt Atomkraft, Atombombe und ähnliches assoziiert. Die in den hohen Korrelationskoeffizienten zum Ausdruck gekommene Beziehung zwischen den Begriffen Bindung und Verbindung bei den Anglistikstudenten zeigt sich hier ebenfalls. *"Bindungen sind für mich wie Verbindungen, ... Zusammenwirken mehrer Elemente."* (A)

4.2.2 Ergebnisübersicht

Die erste Untersuchung hat gezeigt, daß die Einschätzungen der Variablen Konkretheit und Bildhaftigkeit zu ca. zwei Drittel auf gemeinsame und zu ca. einem Drittel auf variablenspezifische Beurteilungskriterien zurückzuführen sind. In diesem Untersuchungsabschnitt sollten erste Anhaltspunkte über die entscheidenden Kriterien gewonnen werden, die die Lernenden bei der Beurteilung der beiden Variablen heranziehen, über Gemeinsamkeiten und Unterschiede.

Dabei zeigt sich, daß begriffliches Wissen eine zentrale Rolle bei der Beurteilung von Konkretheit einnimmt. Fast die Hälfte der Versuchsteilnehmer stützt ihre Begründung zur Konkretheit eines Begriffs auf diesen Aspekt, obwohl er gar nicht in der Instruktion zur Konkretheitseinschätzung erwähnt wird. Der in der Arbeitsanweisung sehr deutliche Bezug auf die Dinghaftigkeit des Bezeichneten spielt dagegen eine untergeordnete Rolle. Verweise auf die direkte sinnliche Wahrnehmung werden ebenfalls nur bei einem Zehntel der Begründungen gemacht. Der von Psychologen und Didaktikern vorrangige Verwendungsaspekt des Begriffs Konkretheit wird von den Lernenden nur selten in dieser Form bei der Begründung aufgegriffen. Das heißt nicht unbedingt, daß die Erlebbarkeit und Anschaulichkeit ohne Auswirkung auf dieses Urteil bleiben. Sie sind vermutlich dann entscheidend, wenn begriffliches Wissen aufgebaut wird. Haben die Lernenden jedoch bereits einen Begriff gebildet, tritt die Bedeutung der Anschauung in den Hintergrund.

Bei den Begriffen Atom und Bindung, die überwiegend begrifflich verarbeitet werden und niemals direkt sinnlich wahrgenommen werden können, treten häufig Unsicherheiten auf. Die Modelle und vereinbarten Symbole für diese Entitäten sind bekannt und führen damit offensichtlich zu einer hohen Konkretheitseinschätzung. Dennoch werden sie häufig distanziert betrachtet, möglicherweise weil eine Verifikation durch die sinnliche Wahrnehmung unmöglich ist. Interessanterweise treten diese Unsicherheiten beim Begriff Energie nicht auf. Hier wird sehr viel öfter mit der Unmöglichkeit der sinnlichen Wahrnehmung argumentiert und daraufhin eine niedrige Konkretheitseinschätzung abgegeben. Da die Auswirkung eines Energieeinflusses eine sinnlich erfahrbare Veränderung hervorruft und zudem für Energie keine vergleichbaren Modelle bekannt sind, wie für Atom und Bindung, wird den Probanden hier scheinbar die Problematik zwischen wahrnehmbarer und nicht wahrnehmbarer Wirklichkeit nicht derart bewußt, wie bei den beiden anderen Begriffen.

Zur Begründung der Bildhaftigkeit ist das lexikalisch/begriffliche Wissen über einen Begriff von weitaus geringerer Bedeutung. Hier stehen Erklärungen im Vordergrund, die im weitesten Sinne einen Bezug zur praktischen Anwendung im Alltag oder der gedanklichen Anwendung herstellen: *"Begriff mit dem jeder täglich umgeht."* (Gleichgewicht A); *"Aus alltäglicher Erfahrung."* (Nichtmetall A); *"Da im Alltag verwendet wird."* (Säure A); *"Da es sich um einen ziemlich alltäglichen Begriff handelt, kann ich ihn konkret anwenden."* (Energie A); *"Ich sehe hier ein Schild, das vor Säure warnt."* (A); *"In Verbindung mit alltäglichen Erfahrungen Vorstellung möglich."* (Säure C); *"Vom Begriff her wenig anschaulich, da er keine Assoziationen auslöst, die auf alltäglichen Erfahrungen basieren."* (Atom C); *"Da sich bestimmte praktische Erfahrungen mit Basen ergeben, kann man sich bestimmte Vertreter und ihre Eigenschaften vorstellen und zuordnen."* (C)

Bildhafte Vorstellungen bilden offenbar einen wesentlichen Bestandteil des Alltags und Handlungswissens, es wird deutlich auf anwendbares Wissen oder Erfahrungswissen bezug genommen. Dies steht vermeintlich im Gegensatz zur ersten Untersuchung. Dort wurden keine signifikanten Beziehungen zwischen der Einschätzung des Alltagsbezugs der Begriffe und der Beurteilung der anderen

Begriffseigenschaften festgestellt. Obwohl bei der Korrelation mit der Bildhaftigkeitseinschätzung die höchsten Koeffizienten auftraten, lassen sie einen so starken Rückgriff auf diesen Aspekt bei deren Begründung nicht erwarten. Eine mögliche Erklärung liegt darin, daß viele der Begriffe im Alltag keine praktische Relevanz haben, sie werden selten oder nie verwendet, und es wird bei einem Ratingverfahren dementsprechend schnell ein pauschales Urteil abgegeben. In diesem Untersuchungsabschnitt sollen jedoch schriftliche Begründungen abgegeben werden, was eine tiefere Auseinandersetzung mit der Problematik voraussetzt. Unter diesen Bedingungen kommen die Probanden daher zu einem anders gelagerten Urteil.

Möglicherweise zeigt sich hier indirekt, daß Alltagswissen gerade durch komplexe Vorstellungen geprägt wird oder diese zumindest starken Einfluß darauf nehmen. Vorstellungen sind mehr als isolierte begriffliche Wissensbestände, wodurch sie gedanklich leichter angewendet und in die Praxis umgesetzt werden können. Die grundlegende Annahme, daß sich Vorstellungen aus sensorischen, enaktiven und semantischen Gedächtnisinhalten zusammensetzen, wird dadurch gestützt.

Die Unterscheidung zwischen Konkretheit und Bildhaftigkeit wird an den Äußerungen einiger Teilnehmer zu beiden Eigenschaften in bezug auf den gleichen Begriff sehr deutlich:[12] "Energie kann man definieren ..." (K) und: *"Ich stelle mir Motoren, Batterien, Fabriken, Steckdosen vor."* (B) Ein Chemiestudent schreibt: *"Wegen des Wissens über die Eigenschaften des Sauerstoffs."* (K) und: *"Wegen des fast täglichen Umgangs mit Sauerstoffverbindungen im Labor..."* (B) Ein anderer: *"Gelernt (Säure)"* (K) und: *"Bei Laborarbeit immer damit zu tun."* (B) Wird in bezug auf Konkretheit und Bildhaftigkeit mit Kenntnissen argumentiert, liegen beide Parameter zwar auf entgegengesetzten Enden einer gedachten Skala, sie können dadurch aber nicht als unabhängig voneinander betrachtet werden. Ohne begriffliches Wissen können bildhafte Vorstellungen nicht mehr sein, als isolierte Gedankenbilder, vergleichbar mit Sinneswahrnehmungen. Das allein macht eine Vorstellung jedoch nicht zu einem anwendbaren Konstrukt. Hier treten also Überschneidungen von Konkretheit und Bildhaftigkeit auf. Der Bezug auf begriffliches bzw. anwendbares Wissen bei der Beurteilung von Konkretheit und Bildhaftigkeit erklärt gleichzeitig überzeugend den in der ersten Untersuchung festgestellten Zusammenhang der Verständlichkeit mit diesen Eigenschaften. Ein Proband formuliert das folgendermaßen: *"Begriffe sind immer konkret, wenn man sie kennt. Sie sind immer bildhaft, wenn man gedanklich etwas mit ihnen anfangen kann."*

---

12 K = Konkretheitseinschätzung, B = Bildhaftigkeitseinschätzung

5 INTERVIEWS

5.1 UNTERSUCHUNGSDESIGN

5.1.1 Methode

In diesem Untersuchungsabschnitt steht die Frage im Mittelpunkt, in welcher Weise bildhafte Vorstellungen bei der Bewältigung chemischer Problemstellungen eine Rolle spielen. Dabei wird dem Einsatz von Bildern und der Induktion bildhafter Vorstellungen im Lehr-Lern-Prozeß besondere Aufmerksamkeit geschenkt.

Die angewandte Methode muß den Probanden einen weiten Rahmen für individuelle Bearbeitungsmöglichkeiten bieten. Als geeignet erscheint ein offenes Einzelgespräch mit sokratischer Gesprächsführung. Dem Probanden wird ein chemisch/physikalisches Experiment gezeigt, das er ausdeuten soll. Um seine Vorerfahrungen und ersten Assoziationen zu ermitteln, wird das Experiment zunächst verbal beschrieben und der Proband aufgefordert, den Ausgang des Versuchs vorherzusagen und seine Prognose zu begründen. Danach wird das Experiment vom Gesprächsleiter durchgeführt, und der Proband soll die Beobachtungen deuten. Wenn es notwendig ist, erhält er durch den Gesprächsleiter Anregungen und Hilfen. Dazu stehen dem Gesprächsleiter dreizehn verschiedene Materialien zur Verfügung. Aus Sicht des Probanden handelt es sich damit im weitesten Sinne um eine Lernsituation. Um ihn auch umgekehrt mit einer Lehrsituation zu konfrontieren, soll er nach abgeschlossener Problemlösung die Rolle des Gesprächsleiters einnehmen und dem nächsten Probanden das Phänomen vorstellen. Er übernimmt die gesamte Gesprächsführung, bis eine für beide Teilnehmer akzeptable Problemlösung erreicht ist.

Es werden drei Gespräche hintereinander durchgeführt, wobei im jeweils ersten Gepräch der Versuchsleiter die Gesprächsführung übernimmt. Nachdem eine Problemlösung erreicht ist, stellt der Gesprächsleiter dem Probanden alle nicht eingesetzten Materialien vor, damit dieser die Möglichkeit hat, sie im folgenden Gepräch zu verwenden.

Nach Abschluß der Gespräche innerhalb einer Gruppe, sollen alle drei Probanden die zur Verfügung stehenden Materialien dahingehend beurteilen, ob sie geeignet sind, in einer Problemlösesituation Hilfen zu bieten. Dabei sollen die Teilnehmer eine Rangreihe erstellen, in der sie die Materialien in einer fiktiven Lehrsituation zum Einsatz bringen würden. Der dazu bereitgestellte Erhebungsbogen ist im Anhang XIV aufgeführt.

Abschließend wird ein offenes Gruppeninterview durchgeführt, in dem die Beurteilungen der Versuchsteilnehmer über die Materialien die Gesprächsgrundlage bieten. Werden im Interview von den Probanden Äußerungen zum Themenkreis Vorstellung, Bildhaftigkeit, Konkretheit und Abstraktheit gemacht, werden diese explizit aufgegriffen. Diese Begriffe werden jedoch nicht vom Interviewer in das Gespräch eingebracht. Sowohl die Einzelgespräche als auch das Gruppeninterview dauern ca. eine halbe Stunde, wobei keine Zeitbegrenzung festgelegt ist. Die Gespräche werden alle auf Tonträgern mitgeschnitten. Zur Auswertung der Ergebnisse werden die Aufzeichnungen transkribiert.

5.1.2 Untersuchungsgruppen und -materialien

An der Untersuchung nahmen 27 Personen teil. Vier Gruppengespräche mit je drei Personen wurden mit Studienanfängern der Naturwissenschaften (Chemie) und fünf mit Studienanfängern der Geisteswissenschaften (Anglistik) durchgeführt. Alle Teilnehmer studieren an der Universität-GH Essen. Im Gegensatz zu den bisherigen Untersuchungsabschnitten sind hier nur Studenten des Lehramtes beteiligt gewesen. Die Gespräche haben im Februar und April/Mai 1992 stattgefunden.

Ein Experiment bildet die Basis für die Gespräche. Das darin aufgegriffene Phänomen sollte aus dem Alltag bekannt sein, d.h. in verschiedenen Alltagssituationen Auswirkungen haben, aber dennoch problematisiert werden können. Zudem sollte das Phänomen auf der Teilchenhaftigkeit der Materie gründen. Hier bietet sich der Themenkreis der Aggregatzustandsänderungen an. Beispielhaft wurde das Phänomen der Verdunstungskälte als Problemsituation für das Gespräch ausgewählt. Zentraler Gegenstand sind drei Thermometer, die unterschiedlich beeinflußt werden: Auf das erste wird ein Umluftstrom gerichtet, das zweite wird mit einem nassen Mullstück umwickelt und das dritte wird ebenfalls mit nassem Mull versehen und zusätzlich in einen Luftstrom gehängt. Es soll erklärt werden, warum die Temperatur am ersten Thermometer konstant bleibt, am zweiten langsam und am dritten sehr schnell sinkt.

Die Probanden sollen erkennen, daß die Temperaturerniedrigung durch das Verdunsten einer Flüssigkeit verursacht wird. Dabei soll auf den Teilchen- und den Energieaspekt eingegangen werden. Der Verdunstungsvorgang wird dadurch erklärt, daß einzelne Teilchen den Flüssigkeitsverband verlassen und in den Gasraum übergehen. Es sind die Teilchen mit der größten Bewegungsenergie, die damit für die relativ hohe Temperatur der Flüssigkeit verantwortlich sind. Darüber hinaus muß auf die Diffusion der Wasserteilchen im Gasraum eingegangen werden. Die Übertragung von Bewegungsenergie beim Zusammenstoß von Teilchen soll weitgehend ausgeklammert bleiben. Dieser Aspekt wird nur dann aufgegriffen, wenn er von den Probanden angesprochen wird.

Dem Gesprächsleiter stehen verschiedene Materialien zur Verfügung, die er im Laufe des Gespräches einsetzen kann, um dem Probanden Anregungen oder Hilfen zu geben. Sie greifen das Phänomen in unterschiedlicher Weise auf und veranschaulichen es. Es handelt sich dabei um fünf Texte, fünf Abbildungen bzw. Diagramme (siehe Anhang XV) und drei Gegenstände (Weinkühler, Erfrischungstücher, Feuerzeug). Die Gegenstände ermöglichen den Probanden, die Abkühlung bei der Verdunstung verschiedener Flüssigkeiten (Wasser, Alkohol, komprimiertes Butan) zu spüren. In den Texten werden weitere Beispiele angesprochen. In zwei Textpassagen wird nur das Phänomen beschrieben, wobei eines aus der Natur und das andere aus dem Bereich Technik gewählt ist. Ein weiteres Beispiel aus dem Alltag ist in Form einer Geschichte geschrieben. Dabei werden Erklärungselemente aufgegriffen, die nicht auf den diskontinuierlichen Aufbau der Stoffe eingehen. Eine Interpretation auf dieser Ebene erfolgt in einem fachlichen Text. Letztlich wird eine der wesentlichen Aussagen in Form eines Lehrsatzes formuliert. Die Abbildungen geben den Versuchsaufbau in verschiedener Weise wieder, wobei das Wasser stets in Form diskontinuierlicher Teilchen dargestellt ist. Zwei Abbildungen sind ohne Text, wobei die eine den Originalaufbau zeigt, während die andere stark schematisiert ist. Die dritte Abbildung ist in Form eines Comics gestaltet, wobei in den Sprechblasen wesentliche Erklärungselemente des Phänomens enthalten sind. Als Diagramme, eine andere Form der graphischen Darstellung, wurden die Maxwell-Boltzmann-Verteilungskurve und eine Graphik zur Zustandsänderung des Wassers ausgewählt. Sie können parallel zu den anderen Materialien eingesetzt werden.

5.2 ERGEBNISSE

Die Auswertung wird folgendermaßen durchgeführt: Zuerst werden die aufgestellten Hypothesen und die dazu abgegebenen Erläuterungen analysiert. Sie sollen einen ersten Eindruck über den Blickwinkel vermitteln, aus dem die Teilnehmer das Problem betrachten. Daran schließt sich eine Beurteilung ihrer Problemlösungen an. Dabei sollen typische Antwortmuster und spezifische Schwierigkeiten dargestellt werden. Es soll jedoch keine tiefgreifende Analyse der Präkonzepte durchgeführt werden. Als nächstes werden die Angaben (Rangreihen) zu der fiktiven Lehr-Lern-Situation ausgewertet. Die im abschließenden Interview dazu gemachten Äußerungen werden berücksichtigt. Es schließt sich ein Vergeich des dargestellten Ablaufs der fiktiven Lehrsituation mit dem realen Vorgehen als Gesprächsleiter an. Dabei wird vor allem der Einsatz der Materialien betrachtet. Abschließend sollen Äußerungen der Teilnehmer über die bildhaften Materialien zusammengefaßt und die Beziehungen der Medien zu mentalen Vorstellungen herausgestellt werden.

5.2.1 Auswertung der Hypothesen zum Phänomen 'Verdunstungskälte'

Nachdem den Probanden der Versuchsaufbau verbal erläutert worden ist, sollen sie ihre Erwartungen hinsichtlich der Versuchsergebnisse äußern. Die aufgestellten Prognosen sind in Tabelle 31 zusammengefaßt.

Annahme einer	von 12 Chemiestudenten			von 15 Anglistikstudenten		
Temperatur-	V1	V2	V3	V1	V2	V3
Erhöhung	-	-	-	4	1	2
Erniedrigung	3	6	10	6	6	11
Konstanz	9	6	2	5	7	1
keine Antwort	-	-	-	-	1	1

Tab. 31: Anzahl der Annahmen in verschiedenen Kategorien[13]

Die meisten richtigen Vorhersagen werden zum dritten Versuch gemacht. Drei Viertel der Probanden meinen, daß hier die Temperatur sinken wird. Die Hälfte von ihnen vermutet zudem, daß sie schneller oder stärker abfallen wird als in den anderen Versuchen. Eine Temperaturerniedrigung im zweiten Versuch nimmt nur noch die Hälfte aller Probanden an. Bis auf zwei Teilnehmer erwarten die übrigen, daß keine Temperaturveränderung stattfindet. Zum ersten Versuch variieren die Angaben der Chemiestudenten und Anglistikstudenten erheblich. Während bei den Chemiestudenten drei Viertel eine Temperaturkonstanz voraussagen, ist es bei den Anglistikstudenten nur ein Drittel. Ein Abfallen der Temperatur vermuten 25% der Chemiestudenten und 40% der Anglistikstudenten. Ein Viertel der Anglistikstudenten erwartet sogar einen Temperaturanstieg.

Es erscheint vielen Teilnehmern unmöglich, daß das Wasser im Mulltuch der einzige Faktor für das Absinken der Temperatur ist, zumal es, wie die gesamte Umgebung, Raumtemperatur hat. Dagegen wissen die meisten, daß eine Kombination aus Feuchtigkeit und Luftbewegung zu einer Abkühlung führt. Für immerhin ein Drittel der Teilnehmer scheint die Luftbewegung das entscheidende Kriterium einer Temperaturabnahme zu sein.

Die zu den Annahmen abgegebenen Begründungen sollen erste Hinweise auf die Vorerfahrungen der Teilnehmer geben. Zudem ist es interessant, in welchem Ausmaß sie auf bekannte Alltagssituationen verweisen. Tabelle 32 gibt an, wieviele Probanden dabei eine wissenschaftliche Deutung oder eine mit Bezug auf Alltagserfahrungen abgeben.

---

13 V1 = Beeinflussung durch Luftstrom
    V2 = Beeinflussung durch nasses Mullstück
    V3 = Beeinflussung durch nasses Mullstück und Luftstrom

Bezug auf	von 12 Chemiestudenten	von 15 Anglistikstudenten
Alltagssituation	5	7
Verdunstungsprozeß	4	3
Fachwissenschaft	-	-
keine Antwort	3	5

Tab. 32: Häufigkeit der Begründungen in den verschiedenen Kategorien

Keine Voraussage wird fachlich begründet. Einige Probanden benutzen in ihrer Begründung einzelne fachbezogene Stichworte. Zum ersten Versuch wird z.b. vermutet, *"daß die Luftreibung vielleicht die Temperatur erhöhen wird am Thermometer."* oder: *"Da wird ja Energie zugeführt und Energie wandelt sich ja um. Es könnte sein, daß die Energie sich dann in Wärmeenergie umwandelt. ... Kann sein, daß es hier höher wird."* Ein Teilnehmer meint zum dritten Versuch: *"Das ist durch das Wasser halt, weil Wasser besser als die Luft leitet."* Ein Chemiestudent weist darauf hin, daß dieses Phänomen etwas mit den Zusammenstößen von Molekülen zu tun hat, verwirft diesen Gedanken aber gleich wieder. Die hauptsächliche Argumentation weist letztlich auch bei all diesen Probanden stets Alltagsbezug auf.

Knapp ein Drittel aller Probanden spricht die Verdunstung des Wassers an, gibt aber keine Hinweise, wie es dabei zu einer Abkühlung kommt. *"Weil ich durch Verdunsten eine Kühlung erreiche.";* *"Verdunstungskälte und durch die Luftbewegung wird das noch verstärkt.";* *"Verdunstung, Abnahme der Temperatur."*

Bezüge zum Alltag werden in vielfältiger Weise hergestellt. Die Anglistikstudenten äußern z.B.: *"So ganz naiv, bei kalten Umschlägen und so, da wird gekühlt. Bei dem Fön und dem Lappen sinkt es am meisten, weil es da doppelte Kälte ist.";* *"Das ist keine wissenschaftliche Sache. Das ist mehr so 'ne Beobachtung, so 'ne reine Freibadbeobachtung, nass und Wind, ist immer kalt.";* *"Ja, von den eigenen Hauterfahrungen, ja, denke ich so. Wenn Wasser mit Wind in Zusammenhang kommt, daß es dann wesentlich kälter ist, als wenn man keinen Wind hat und vom Fön oder so, wenn da keine Hitze kommt ist es auch kälter, denke ich, durch diese Lüftung, daß da etwas entsteht.";* *"Das ist ja, ich weiß nicht das Prinzip, das gleiche Prinzip, warum der Hund die Zunge raushängen läßt, also es kühlt ja, wenn Luft auf Feuchtigkeit kommt oder warum wir schwitzen oder so. Das hat ja alles miteinander zu tun. Ich hab da keine chemische Erklärung für.";* *"Ich denke mal, daß das Wasser kälter wird durch die Luftzufuhr. Das ist ja auch der Effekt, wenn ich mit dem Auto fahre und es schneit und da ist Schnee auf der Windschutzscheibe, und durch die, durch den Luftzug wird es ja auch kälter und friert dann."*

Aber auch bei den Chemiestudenten basieren die Annahmen zum großen Teil auf Alltagserfahrungen: *"Vom Gefühl her würde ich immer sagen, es würde kühler werden, aber ja, weiß ich auch nicht, ja weil, wenn man naß ist und es kommt Wind, dann wird einem kühl.";* *"Weil man das im Alltag selber erlebt.";* *"Das ist das, was man so an Erfahrung hat, glaub' ich so ein bißchen. Das sind jetzt keine Überlegungen auf molekularer Ebene. Ich weiß nur vom Haarefönen her, daß wenn ich das mit 'nem kalten Luftstrahl mach', dann ist das ziemlich kühl. ... Beim Dritten ist das halt der Jackeneffekt, der Windjackeneffekt, würd' ich sagen, daß der Luftstrom abgehalten wird. Deswegen kühlt sich das nicht so stark ab wie das erste."*

Es zeigt sich, daß sich alle Probanden bei der Hypothesenbildung maßgeblich durch alltägliche Erfahrungen leiten lassen. Dabei sind die Assoziationen sehr vielfältig. Das führt zum einen zu den richtigen Aussagen, daß beim gleichzeitigen Auftreten von Wasser und einem Luftstrom die am Thermometer gemessene Temperatur abnimmt. Andererseits basieren auch die falschen Annahmen, daß allein der Luftstrom für den Abkühlungseffekt verantwortlich ist, auf Sinneswahrnehmungen. Dabei bleibt allerdings die Gegebenheit unbeachtet, daß die Haut aufgrund der Transpiration stets von einem Feutigkeitsfilm umgeben ist, der auf der Hautoberfläche verdunsten kann. Die Angabe der Temperaturkonstanz im zweiten Versuch gründet sicherlich auch auf Alltagserfahrungen. Schließlich kühlt sich eine große Wasserportion nicht innerhalb weniger Sekunden spürbar ab. Unerwartet ist die Sachlage, daß keiner der 27 Probanden, auch kein Chemiestudent, bei der Hypothesenbildung fachliche Gesichtspunkte berücksichtigt, die auf die Teilchenhaftigkeit der Stoffe zurückgehen. Die Auswertung der Erklärungen der Lernenden nach der Durchführung des Experiments muß zeigen, inwieweit fachliche Grundlagen bekannt sind, auf die zurückgegriffen werden kann.

5.2.2 Auswertung der Äußerungen in der Lernsituation

Bei den Begründungen der Hypothesen treten keine großen Unterschiede zwischen den Angaben der beiden Probandengruppen auf. Dies ändert sich nach der Versuchsdurchführung erheblich. Während die Chemiestudenten die wesentlichen Erklärungsaspekte selbständig aufgreifen, wird von den Anglistikstudenten selbst der grundlegende Gedanke, daß es sich bei der Verdunstung um eine Aggregatzustandsänderung handelt, erst beim Nachfragen geäußert. In Tabelle 33 sind die Nennungen der einzelnen Aspekte der Erklärung zusammengestellt.

Der erste Kommentar ist in beiden Probandengruppen oftmals eine Reaktion auf ein unvorhergesehenes Ergebnis eines Teilversuchs. Das Fallen der Temperatur im zweiten Versuch führt z.B. bei einem Drittel der Probanden zu der Annahme, daß das Wasser zum Tränken des Mullstücks keine Raumtemperatur hatte. *"Ist es also doch kälter als die Luft."; "Bei dem Zweiten das Wasser, ja eben weil dieses Wasser, was sagtest Du, es hat Raumtemperatur, aber ich denke es ist trotzdem kühler als der Raum, und es somit abnimmt."* Immerhin erklären sich von den neun Anglistikstudenten, die eine falsche Hypothese aufgestellt haben, sieben das Ergebnis zunächst über diesen Weg.

angesprochener Aspekt	von 12 Chemiestudenten	von 15 Anglistikstudenten
Aggregatzustandsänderung	9	5
Parameter Energie	9	5
Teilchen	7	2
Bewegung der Teilchen	10	2
Diffusion der Teilchen	5	1

Tab. 33: Häufigkeit der Nennungen der einzelnen Erklärungsaspekte[14]

Der Anfang des eigentlichen Gesprächs ist in den Gruppen sehr ähnlich. Entweder wird nochmals auf Alltagssituationen verwiesen oder darauf, daß Wasser verdunstet und dadurch ein Kühlungseffekt erreicht wird. Die Chemiestudenten verbinden damit direkt eine Aggregatzustandsänderung, und ein großer Teil von ihnen deutet das Ergebnis nach dieser einleitenden Feststellung sofort auf der Teilchenebene. Dabei argumentieren einige mit energetischen Aspekten von Aggregatzustandsänderungen:

Pr. "(Beim Versuch 1 d.A.) Passiert nichts! Verloren! Das mit dem kühlen Luftstrom beim Haarefönen liegt wohl doch an der Verdunstungskälte der nassen Haare dann."
Int. "Wir können zusammenfassen ..."
Pr. "... beim Ersten keine Verdunstungskälte, weil kein Wasser. Beim Zweiten, nicht ganz so stark, weil es nicht so schnell verdunstet und beim Dritten Wind, schnelles Verdunsten und schnelles Absinken der Temperatur."
Int. Warum findet eine Abkühlung beim Verdunsten statt?
Pr. "Das hat, glaub' ich, was mit dem Entropiezustand zu tun. Das Wasser geht in einen Zustand höherer Unordnung über. ... Es muß Energie aufgewendet werden, um Wasser zum Verdunsten zu bringen. Das Wasser verdunstet ja und deshalb muß es Energie aus der Umgebung abziehen. Aber warum das schneller verdunstet, wenn der Fön dazukommt, das ist eine andere Frage. Das könnte eine Form von mechanischer Einwirkung sein."
Int. Was ist der Verdunstungsprozeß und wofür wird Energie dabei benötigt?
Pr. "Die Energie wird dazu benötigt, die Bindungen, die zwischen den Wassermolekülen bestehen, also ich glaub' Wasserstoffbrücken, in gewisser Form zu lösen, weil die Teilchen sind dann in einem größeren Abstand. Und die Bindung enthält ja 'ne gewisse Energie, also es ist ja ein Zustand geringerer Energie ... also die Teilchen haben einen nicht so großen, nicht so energiereichen Zustand, wie wenn sie voneinander getrennt sind."

Andere beginnen mit der Erklärung, daß sich die Beweglichkeit und Ordnung der Teilchen bei der Änderung des Aggregatzustands verändert. Darüber gelangen sie zum Energieaspekt:

---

14 Es muß darauf hingewiesen werden, daß einigen Probanden im Gespräch nur sehr wenig Zeit und Möglichkeit gegeben wurde, um das Problem selbständig gedanklich zu bearbeiten. Hätte der Gesprächsleiter nicht frühzeitig die Erklärung geliefert, wären unter Umständen noch einige Aspekte von den Probanden selbst genannt worden.

Int. "Du hast ja schon gesagt, daß das was damit zu tun hat, daß das Wasser verdunstet. Wie geht das vor sich mit dem Verdunsten?"

Pr. "Da gehen eben das Wasser, die Wassermoleküle vom flüssigen Aggregatzustand in den gasförmigen über und d.h., daß die Beweglichkeit oder der Freiraum der einzelnen Moleküle größer wird, und daß die Anziehungskräfte geringer werden zwischen den Molekülen, und die Moleküle an sich, die haben, die sind auf einem höheren Energieniveau."

Int. "Und was hat das mit der Temperatur zu tun?"

Pr. "Die Temperatur oder Wärme ist eine Form von Energie, und wenn ich eben dadurch, daß ich einen Stoff erhitze, führ' ich dem Stoff Energie zu, bzw. wenn ein Stoff Energie benötigt, wie jetzt das Wasser, was da verdampft, das benötigt ja Energie dazu. Energie kann es von der Umgebung aufnehmen, und die Umgebungstemperatur messe ich mit dem Thermometer. Also daß die Energiemenge, die ich aufnehmen muß, damit das Wasser vom flüssigen in den gasförmigen Zustand übergeht, die kann ich eben da als Temperaturdifferenz messen."

Die Anglistikstudenten erläutern den Versuch hingegen fast alle auf der Kontinuumsebene. Sie beschreiben die Verdunstung, wenn überhaupt, erst beim Nachfragen, als einen Prozeß, bei dem sich der Aggregatzustand eines Stoffes ändert:

Int. Warum sinkt die Temperatur in den beiden letzten Versuchen? Hast Du eine Idee oder einen Ansatzpunkt für eine Erklärung?

Pr. "Erklären kann ich das nicht richtig, aber das kennt man aus dem Alltag. Wenn man vom Regen nass ist und es ist windig, wird einem kalt."

Int. Was passiert außerdem, wenn man lange genug wartet?

Pr. "Dann trocknet man auch."

Int. Woran liegt das, daß man trocknet?

Pr. "Das Wasser verdunstet."

Int. Was bedeutet 'es verdunstet'?

Pr. "Daß es sich in Luft umwandelt."

Int. Was passiert bei der Umwandlung?

Pr. "Das Wasser verdunstet ja und steigt nach oben."

Int. Du sagst es wird zu Luft, aber das wird es eigentlich nicht.

Pr. "Wasserdampf oder was weiß ich."

Int. Ja! Und was ist der Unterschied zwischen Wasser und Wasserdampf?

Pr. "Ja, der Zustand einmal gasförmig und einmal flüssig."

Int. Warum verdunstet Wasser?

Pr. "Weil es sich aufgrund der Trockenheit des Windes nicht mehr halten kann, in dem Zustand. Oder weil es zu sehr erwärmt wird."

Int. Kann man diesen Prozeß des Trocknens auch beeinflussen?

Pr. "Es trocknet in warmer Luft schneller, als wenn man das an die Heizung hängt."

Int. Ja! Wenn man etwas trocknen will und es erwärmt, geht es schneller. Wenn man zusätzlich Luftbewegung dabei hat, geht es noch schneller. Im Versuch passiert ganz Adäquates und die Temperatur sinkt - warum?

Pr. "Das wird durch die Luft verstärkt. Wenn die Luft warm ist, steigt die Temperatur und wenn sie kalt ist, fällt sie, aber das Tuch wird in jedem Fall trocken .... **mit Reibung oder so.**"

Was sich hier im letzten Satz andeutet, kann häufiger bei den Anglistikstudenten beobachtet werden. Sie versuchen eine fachliche Erklärung abzugeben und benutzen dazu die verschiedensten Wissensfragmente, die ihnen noch aus der Schulzeit bekannt sind, ohne daß diese einen direkten Bezug zum Sachverhalt haben. Ein Proband argumentiert zunächst auch auf der Kontinuumsebene. Nachdem der Begriff der Verdunstung gefallen ist und der Gesprächsleiter eine Erklärung des Begriffs fordert, greift er dann mehrere falsche Erklärungselemente auf.[15] Weitere Beispiele sind im Anhang XVI abgedruckt.

Pr. über Versuch 2 "Da hab' ich das Wasser unterschätzt."

Int. Aber Deine Annahme zum dritten Versuch war richtig. Du hast vorhin auch schon angedeutet, daß es einem kühl wird, wenn man naß ist und es windig ist. Warum wird's da kühl?

Pr. "Ja irgendwie liegt's am Wasser, nur die Gründe weiß ich nicht."

Int. Was passiert im Schwimmbad mit der Zeit, wenn man naß ist, außer daß einem kalt wird?

Pr. "Versteh' ich nicht! Die Temperatur sinkt, das ist klar."

Int. Wenn man lange Zeit wartet.

Pr. "Versteh' ich wirklich nicht."

Int. Was passiert mit einer Wasserpfütze auf der Straße?

Pr. "Ja, die verdunstet."

Int. Was passiert beim Verdunsten mit dem Wasser?

Pr. "Ich denke mal, **das Wasser besteht ja aus zwei Stoffen, daß da vielleicht irgend 'was passiert, 'ne Trennung oder so, daß das eine verdunstet und daß das andere dann eben Kälte erzeugt** und dieses halt eben ermöglicht."

Int. Es stimmt, daß Wasser aus zwei Bestandteilen zusammengesetzt ist. Aber damit hat der Effekt, den wir hier beobachten, nichts zu tun. Was ist aber das Resultat einer Verdunstung? Was ist der Unterschied vor und nach einer Verdunstung?

Pr. "**Die Dichte ändert sich oder was?**" lacht "Das sind alles solche Vermutungen, so 'ne Erinnerungen, die ich an Chemie habe. Ja, es verdunstet, ja. Es nimmt 'ne gasförmige Form an."

Int. Und vorher?

Pr. "Vorher ist es halt eben flüssig."

Int. Da wandelt sich also etwas von einer Flüssigkeit in ein Gas um. Passiert das einfach so?

Pr. "**Nö, das hat halt 'was mit dem Kontakt mit der Luft zu tun**, daß halt, also es verdunstet ja immer 'was, aber z.B. in dem Becher ist ja sehr viel drin. Da ist sehr wenig Oberfläche, es geht sehr langsam. Und da (zeigt auf den Versuch) ist halt sehr wenig Wasser an einer sehr großen Oberfläche und **es geht halt die Verbindung mit der Luft ein und daher verdunstet das.**"

Int. Du hast recht, Wasser verdunstet immer ein wenig, und je nachdem wie groß das Wasservolumen und die Oberfläche sind, geht es mehr oder weniger schnell. Aber warum verdunstet das Wasser ständig? Kannst Du Dir Situationen vorstellen, in denen Wasser nicht verdunstet oder mehr verdunstet?

---

15 Falsche Erklärungselemente sind fett gedruckt.

Pr. "Ich meine, das hat ja 'was mit der Temperatur zu tun, mit der Außentemperatur und klar, wenn das Wasser fest wird, also gefroren ist, kann es also auch kaum verdunsten. Je kälter das Wasser durch die Außentemperatur wird, **bei 4° C hat es ja die größte Dichte, dann passiert vielleicht am wenigsten noch** und je wärmer es wird, desto leichter verdunstet es ja."

Int. Ja. Kann man die Verdunstung auch beschleunigen?

Pr. "Indem ich das ganze erwärme, z.B. Sonneneinstrahlung."

Der Aspekt, daß die Einwirkung des Luftstroms im dritten Versuch die Diffusion der Wasserdampfteilchen im Gasraum begünstigt, wird nur von wenigen Teilnehmern angesprochen. Ein einziger Anglistikstudent gibt dazu eine Erklärung:

Int. Warum wird dieser Prozeß durch das Anfönen gefördert?

Pr. "Weil die höher beweglichen Teile leichter in, den Verband verlassen können, weil der Luftstrom halt eben, weil diese Bewegung der Luft ist halt auch stärker, die werden dann halt schneller, ja, mitgerissen vielleicht."

Int. Mitgerissen aus dem Wasser 'raus?

Pr. "Ja, die sind ja sowieso dabei es zu verlassen, aber wenn die Ablösung da ist, sind sie schneller weg und andere Teilchen, die jetzt auch schneller beweglich sind, haben jetzt Platz und können es jetzt auch schneller verlassen."

Int. Ja das stimmt. Was passiert, wenn kein Luftstrom vorhanden ist?

Pr. "Es wird am Anfang, wenn man das als schnell bezeichnen darf, wird sie etwas schneller gehen, die Temperatur, zwar nicht sehr viel und dann halt eben wird das sehr schnell stagnieren, weil die Luftbewegung ist ja sehr gering. Vielleicht wird es immer langsamer."

Int. Was passiert hier an der Wasseroberfläche?

Pr. "Ja, es wird sehr eng für die stärker beweglichen Teile, die es verlassen würden, weil nur sehr wenige, also eine gewisse Bewegung ist ja in der Luft, durch diese geringe Bewegung können nur wenige weggenommen werden, in den Raum getragen werden und es können halt nicht sehr viele nachdrängen.

Selbst von den Chemiestudenten argumentiert nur ein Viertel der Teilnehmer mit diesem Aspekt:

Int. Warum geht's beim dritten Versuch schneller?

Pr. "Durch diesen Luftstrom werden die Teilchen, die sich gerade eben von flüssig in gasförmig umgewandelt haben, weggeströmt und können nicht wieder zurück. Und ich kann mir vorstellen, daß da beim mittleren eine Grenzschicht ist, daß die immer hin und zurück gehen, weil die noch nicht weit genug voneinander entfernt sind. Und dadurch, daß die direkt weggeweht werden, geht's natürlich schneller als das (zeigt auf V1), die anderen müssen ja erst langsam in die normale Umgebungsluft diffundieren."

Viele Probanden nehmen an, daß durch den Luftstrom dem Wasser Energie zugeführt wird. *"Daß sie* (die zugeführte Luft) *mehr Energie dem Wasser gibt oder so, die es halt braucht, um auch in den gasförmigen Zustand überzugehen."* Fast die Hälfte der Probanden, sowohl Chemiestudenten als auch Anglistikstudenten, äußern diese Überlegung. Einige verbinden damit eine Zunahme der Bewegungsenergie der Wasserteilchen: *"Durch den Fön werden andere Luftteilchen in Schwingung versetzt und die stoßen die Moleküle in der Mullbinde an. Das ist eine Bewegungsenergie, die da auftrifft, und dadurch werden die anderen Teilchen auch in Schwingung versetzt."; "Da wird ja von außen Energie zugeführt. Durch den Fön werden die Moleküle zusätzlich in Bewegung gesetzt."* Ein Proband rückt trotz ausführlicher Erklärung des Sachverhalts nicht von seiner ursprünglichen Meinung ab:

Int. "... Die Energie, die zur Verdampfung des Wassers benötigt wird, muß irgendwo herkommen. Sie stammt aus dem Wasser, was noch nicht verdampft ist. Das drückt sich in der niedriger werdenden Temperatur aus."

Pr. "**Bedeutet das, daß die meinetwegen 80 Watt, die ich da im Fön aufwende, daß die dann in den drei Grad Temperaturunterschied drinliegen?**"

Int. "Nein! Die Temperatur des Wassers wird durch die Bewegungsenergie der Teilchen ..."

Pr. "... also die Strömungsgeschwindigkeit der Luft entspricht dann der Temperatur, die runter geht?"

Die Auffassung, daß das Wasser Energie von außen aufnimmt, ist bei vielen Teilnehmern auch in Bezug auf den zweiten Versuch vorhanden. Vor allem Chemiestudenten vertreten diese Ansicht: *"Auf jeden Fall hat der Tonzylinder Wärme an das Wasser abgegeben und von daher ist er 'was kühler."; "Diese Energie holt es sich* (das Wasser) *aus der direkten Umgebung, die sich jetzt hier, nun in unserem Fall aus dem Thermometer besteht und dem Lappen."* Unter der Voraussetzung, daß sie dabei von dem bereits abgekühlten Wasser sprechen, haben sie auch nicht unrecht, da stets ein Temperaturausgleich mit der Umgebung stattfindet. Aber diese Voraussetzung wird von keinem Teilnehmer erwähnt, vielmehr wird die Meinung vertreten, daß es gar nicht das Wasser ist, was kälter wird (weitere Beispiele im Anhang XVII):

Int. "Was passiert denn dann, wenn alle diese Teilchen, die eine hohe Bewegung haben, die flüssige Phase verlassen? Was bleibt denn dann noch übrig?"

Pr. "Ja, so weit ich weiß, wird das Wasser ganz verdampfen."

Int. "Gehen wir mal davon aus, das Wasser ist noch nicht ganz verdampft. Warum ist denn die Temperatur niedriger dann?"

Pr. "(entrüstet) **Die Wassertemperatur ist nicht niedriger!**"

Int. "Warum sinkt denn dann die Temperatur?"

Pr. "Die Temperatur des Thermometers wird niedriger."

Int. "(entgeistert) Nicht die des Wassers?"

Pr. "**Nee! Wieso sollte denn die Temperatur des Wassers niedriger werden?**"

Bei einzelnen Anglistikstudenten treten Unsicherheiten beim Gebrauch des Begriffs Bewegung auf. Sie unterscheiden nicht klar zwischen den Bewegungen der einzelnen Teilchen und der spürbaren Bewegung einer Teilchenansammlung in einer Stoffportion. Ein Proband äußert im Verlauf des Gesprächs:[16]

---

16 fett gedruckt = Bezug auf Bewegung einer Stoffportion
    unterstrichen = Bezug auf Bewegung der Teilchen
    kursiv gedruckt = Bezug kann nicht eindeutig bestimmt werden

Pr. "Weil die höher beweglichen Teile leichter in, den Verband verlassen können, weil der Luftstrom halt eben, weil diese Bewegung der Luft ist halt auch stärker, die werden dann halt schneller ja mitgerissen vielleicht.
:
:
Da ist halt große Bewegung irgendwie. Es besteht ja schon eine Bewegung der Luft auf der Oberfläche."

Int. Und warum wird es dabei kühl?

Pr. "Ich denke es ist mehr der Grund, daß viel bewegt wird, als daß die Temperatur verändert wird."

Im nächsten Gespräch ist dieser Proband Gesprächsleiter. Auch dort tritt bei ihm in der Argumentation eine Vermischung dieser Aspekte auf. Das hat zur Folge, daß auch der zweite Proband keine Trennung zwischen Teilchenbewegung und Bewegung einer Stoffportion vornehmen kann.

Int. "Woran liegt es, daß es kälter wird? Das hat etwas mit dem Wasser zu tun. Wieso glaubst Du, warum mit dem Fön noch mehr passiert ist?"

Pr. "**Ja, wird ja noch ein Wind eingebracht.** Es kühlt ja noch mehr ab. Es ist ja kalte Luft, die da praktisch an das Thermometer drankommt. Da ist dann ein Luftwiderstand vom Wind."

Int. "Nee, Luftwiderstand nicht. Na, wie mach ich jetzt weiter? Wasser, ich mein' es ist ja klar, auch die Luft besteht ja - alles aus Molekülen oder Teilchen - sind zusammengesetzt. Die haben alle ein gewisses Maß an Bewegung, und kannst'e jetzt vielleicht aufgrund dessen, was ich jetzt mit dem Wasser und der Bewegung ein bißchen weiter 'ne Erklärung überlegen."

Pr. sagt nichts

Int. "Du hast ja gesagt, es wird kälter, das Wasser, also hat das auch etwas mit der Temperatur zu tun *und der Bewegung.*"

Pr. "*Das soll darauf hinaus, daß durch die verstärkte Bewegung die Temperatur stärker abnimmt?*"

Int. "Ja schon, *aber auch 'ne Eigenbewegung des Wassers.* Also wenn Du Dir das so vorstellst, *je kälter Wasser ist, desto weniger bewegt es sich, und je wärmer Wasser ist, desto höher bewegt es sich.* **Das müßtest Du zumindest vom Wasserkochen kennen, daß je heißer es wird, je größer die Bewegung, entsteht also auch Wasserdampf.** Also so ein ähnlicher Prozeß passiert hier, daß halt eben Wasser verdunstet, bei niedrigeren Temperaturen. *Daß halt Wasser von sich 'ne Bewegung hat* und daß es halt verdampft und deshalb sinkt die Temperatur, weil die weniger beweglichen Teilchen, die halt eben im Wasser zurückbleiben, das Ganze abkühlen. Warum kommt es, daß wenn man mit dem Wind 'rankommt stärker ist?"

Pr. "Dann verdunstet da noch mehr Wasser."

Int. "Ja, in gewisser Weise schon, aber wieso kann das jetzt verdunsten? *Das hat jetzt was mit der Bewegung zu tun.*"

Pr. "*Durch den Wind wird die Bewegung ja noch verstärkt vom Wasser.*"

Int. "Ja, so ungefähr. (zeigt Abb. Gefäß) ... Das sind die vielen Wassermoleküle, die in dem Mull drin sind. Die Teilchen mit der großen Bewegungsenergie, die halt eben auch wärmer sind, die verlassen halt eben den Wasserverband und verdunsten. Und wenn der Fön dann dazukommt, *ist natürlich eine viel größere Bewegungsenergie,* **Bewegung in der Luft** und daß halt die wärmeren Teilchen, die hoch kommen, weggetragen werden und schneller verdunsten und andere Teilchen, die dann wieder zum Verband gesehen, die größte Energie haben, die dann nach oben steigen können und dann halt mehr verdunsten kann und das Übriggebliebene halt immer kälter wird. Hier ist 'ne ganz lustig Zeichnung (zeigt Comic), der erläutert das Ganze ein wenig plastischer. <u>Die mit der geringsten Bewegungsenergie, die halt am kältesten sind, die bleiben da, und die ander'n, die mit der höheren Energie, verlassen den Verband.</u> ... Du mußt Dir halt vorstellen, daß hier halt eine zweite Schicht entsteht, die sich schneller bewegen können, die gehen dann halt in die Luft. Aber es kann halt auch passieren, wie der hier, der sagt 'Ich geh zu meiner Einheit zurück', daß die mit der höheren Bewegungsenergie wieder in den Verband zurückgehen, daß dabei also auch die Temperatur nicht sehr schnell absinken kann."

Pr. *"Ja, da ist ja nicht so viel Bewegung drin."*

Int. Erklärt das Wegdiffundieren der Teilchen von der Wasseroberfläche. "Jetzt wird's schwierig. Das mit dem Fön ist halt ein Beispiel, daß Energie zugeführt werden muß, um einen Temperaturzustand von Stoffen verändern zu können. Der Fön ist ja jetzt sehr kalt, aber was passiert, wenn Du das Wasser draußen beobachtest, so im Winter- und Sommervergleich?"

Pr. "Da ist auch ein Temperaturunterschied und der ist von der Außentemperatur abhängig."

Int. "Ja, von einer anderen Energie und das ist hauptsächlich?"

Pr. "Sonnenbestrahlung!"

Int. "*Wenn eben wenig Energie ist, wird das Wasser fest, es bewegt sich immer weniger, und je mehr Energie zugeführt wird, kann halt eben das Wasser, das Eis in den Zustand, also von fest nach flüssig übergehen.* Je höher die Temperatur wird, ist klar, die höhere Energiezufuhr, kann das halt in den gasförmigen Zustand übertreten und das passiert hier ja in geringem Maße. ... Das ein bißchen die Bezeichnung, daß es halt eben die Übergangsphase sehr langwierig ist, was eben den Prozeß dieser zweiten Schicht, die ja über dem Wasser ist, *daß halt eben immer so eine Korrespondenz, so eine Hin- und Herbewegung ist*, <u>bevor halt eben ein Teilchen den Gasverband verläßt und ganz gasförmig wird</u>. Hier ist das ganze noch mal theoretisch zusammengefaßt. Daß also die Temperatur, die ein Thermometer mißt, <u>also auf 'ner mittleren Bewegungsenergie der Teilchen beruht</u>, die das Thermometer umgeben. D.h. also bei ca. 22 Grad ist halt wenig Bewegung, es passiert nicht sehr viel, daß aber halt eben, wenn man an der Temperatur etwas verändert, oder überhaupt **eben durch Wind, die Bewegung der Teilchen etwas verändern kann**. Man hat ja, mit der Haut kann man das ja auch vergleichen, daß wenn Du im Sommer im Wasser warst und ....

:

Int. "Hast Du noch Fragen?"

Pr. "Nee, das hab ich verstanden mit den Teilchen und so. Warum das kalt bleibt und so, das hab ich verstanden. Ja, das wesentliche mit Teilchenwanderung und so."

:

Pr. "Ja die unbewegten Teilchen bleiben unten. ..."

Auch im folgenden Gespräch, in der der zweite Proband die Gesprächsleitung übernimmt, sind vergleichbare Probleme festzustellen. Diese Interviewpassage und weitere Beispiele stehen im Anhang XVIII.

Aber auch bei Chemiestudenten treten Formulierungen auf, die nicht eindeutig sind:

"Beim dritten Versuch wird die Luft da so stark 'rangetragen, daß die Wassermoleküle vielleicht schneller in Schwingung versetzt werden als beim zweiten. Durch erhöhte Schwingung, ja das ist ja auch ein Anstoß, der da von dem Fön ausgeht, daß das schneller geht als bei normaler Raumluft, die sich nicht so stark bewegt."

Insgesamt betrachtet, wird das Phänomen von den beiden Probandengruppen vollkommen unterschiedlich erklärt. Während die Anglistikstudenten auf eine sokratische Gesprächsführung angewiesen sind, bei der ausgehend von bekannten Situationen Beziehungen zum Versuch gezogen werden, erörtern die Chemiestudenten sehr selbständig die einzelnen Teilaspekte des Phänomens. Die Anglistikstudenten erkennen im Gesprächsverlauf lediglich, daß dieses Phänomen auf der Verdunstung des Wassers basiert und daß es sich dabei um eine Aggregatzustandsänderung handelt, für die Energie benötigt wird. Insgesamt wird sehr selten auf Alltagssituationen verwiesen. Dies liegt überwiegend an der Gesprächsführung, worauf im folgenden noch eingegangen wird. Die Chemiestudenten erklären die auch auf Kontinuumsebene zu deutenden Aspekte direkt auf der Ebene diskontinuierlicher Teilchen. Diesen Schritt hat bei den Anglistikstudenten in der Regel der Gesprächsleiter vorgenommen. Allerdings treten auch bei den Chemiestudenten Fehldeutungen auf. Eine Auswertung der Angaben zur fiktiven Lehr-Lern-Situation soll u.a. zeigen, welchen Stellenwert die Probanden dort den Beispielen aus dem Alltag zuweisen.

5.2.3 Auswertung der Angaben zur fiktiven Lehrsituation

Nachdem die drei Gespräche beendet sind, sollen die Probanden sich nochmals in eine fiktive Lehr-Lern-Situation versetzen und sich vorstellen, daß sie einem Mitbürger das Phänomen der Verdunstungskälte nahebringen und erklären müssen. Sie sollen entscheiden, welche der im Gespräch vorgestellten Materialien sie dafür verwenden würden. Das Medium, das sie als erstes einsetzen würden, sollen sie auf dem Erhebungsbogen mit der Ziffer eins versehen, was sie danach benutzen mit der Ziffer zwei usw.. Wurden einzelne Medien von den Probanden nicht berücksichtigt, haben sie den Rangplatz 13 erhalten. Die dabei entstandenen Rangreihen der einzelnen Teilnehmer sind im Anhang XIX wiedergegeben. In Tabelle 34 sind die Ränge für jedes Medium in steigender Reihenfolge aufgelistet. Da es sich hierbei um Ordinaldaten handelt, werden keine arithmetischen Mittelwerte, sondern Medianwerte bestimmt. Sie sind durch die abgrenzenden Linien kenntlich gemacht. Anhand der Medianwerte der Anglistikstudenten wird eine Ordnung der Medien vorgenommen.

Obwohl viele der Medien an unterschiedlichen Stellen der Erklärung zum Einsatz kommen würden, ist insgesamt ein deutlicher Trend zu erkennen: "*Erst mal überhaupt den Effekt, den man so merkt mit den Beispielen, dann was passiert*

Anglistikstudenten

a	b	c	d	e	f	g	h	i	j	k	l	m
1	1	1	2	1	2	2	1	3	3	2	5	2
1	1	2	2	2	2	2	2	5	4	3	7	3
1	1	3	3	2	2	2	3	5	4	4	9	4
1	1	3	3	2	3	3	4	5	6	6	9	6
1	3	4	3	4	4	4	5	5	7	6	9	6
1	4	4	3	4	4	5	5	6	7	9	10	6
1	4	5	5	6	5	5	7	7	8	9	10	8
1	5	5	6	6	6	6	8	8	9	9	10	11
3	7	5	6	8	6	6	8	10	10	12	12	11
4	8	7	7	9	8	9	10	12	10	13	12	11
7	8	7	7	9	9	11	11	13	11	13	13	11
8	10	7	7	9	10	12	12	13	12	13	13	11
10	11	8	8	10	12	12	13	13	12	13	13	12
11	13	8	10	13	12	13	13	13	13	13	13	13
11	13	13	13	13	13	13	13	13	13	13	13	13

Chemiestudenten

a	b	c	d	e	f	g	h	i	j	k	l	m
1	1	2	2	4	1	1	3	5	2	3	6	5
1	1	2	3	4	2	2	3	7	3	3	6	7
1	1	2	3	4	2	7	4	8	3	7	7	8
1	3	2	4	4	2	9	4	8	5	7	8	9
1	3	2	4	4	4	11	5	9	6	8	8	10
1	3	3	5	5	5	12	5	10	6	9	9	11
1	5	3	7	6	5	12	5	10	7	10	10	13
2	6	4	10	6	6	12	5	11	8	10	11	13
6	6	5	11	9	7	13	8	11	8	10	11	13
6	7	5	12	10	9	13	11	12	9	10	12	13
7	11	6	13	13	9	13	12	13	11	13	12	13
13	12	7	13	13	13	13	13	13	12	13	13	13

Tab. 34: Ränge der Materialien zum Gespräch über Verdunstungskälte[17]

---

17 a = Text 'Strandbad'
b = Erfrischungstücher
c = Chemiecomic
d = Weinkühler
e = Abbildung 'Gefäß'
f = Bsp. 'Warmer Sommertag'
g = Feuerzeuggas
h = Abbildung 'Thermometer'
i = Diagramm 'Zustandsänderung'
j = Text 'Teilchenbewegung'
k = Diagramm 'Verteilung'
l = Satz 'Energieerhaltung'
m = Bsp. 'Kühlprinzip'

anhand der Bilder und dann anhand der Texte, warum das passiert."

Über vier Fünftel der Teilnehmer würden das Gespräch damit beginnen, die aus dem Alltag bekannte Situation, daß einem kalt wird, wenn man naß ist, zu beschreiben, oder sie würden den Lernenden die direkte Erfahrung machen lassen, daß ein Erfrischungstuch Kühlung verschafft. *"Ganz klar, mit dem Strandbad, um erst mal situativen Zugang herzustellen, also eine lebensnahe Situation, in der, auch wenn er es nicht erklären kann, am eigenen Leib erfährt. Daß man darüber hinaus vielleicht auch, weil er dann sagt: 'Der Wind trocknet mich ja auch', von da aus zur Verdunstung kommt. Und dann eben die Beispiele Weinkühler, Erfrischungstuch und Feuerzeug am einleuchtendsten, je schneller etwas verdampft, um so kälter wird es. Danach folgt nur noch die in Anführungsstrichen wissenschaftliche Erläuterung des Ganzen."*

Der Text 'Strandbad' wird von den Teilnehmern stark präferiert. Er beschreibt eine alltägliche Situation und schließt dabei Erklärungselemente auf der Kontinuumsebene ein. Als Begründung, warum sie diesen Text als erstes Medium einsetzen würden, verweisen die Probanden ausschließlich auf die Bekanntheit dieser Situation, die ihrer Meinung nach einen interessanten Zugang zur Thematik schafft. Möglicherweise hat jedoch unterschwellig die leicht verständliche Erklärung, zu der kaum fachliches Vorwissen notwendig ist, ebenfalls eine positive Auswirkung, denn bekannte Alltagssituationen werden auch in anderen Beispielen aufgegriffen. Dazu gehört das Beispiel, daß ein Gewitterguß nach einem warmen Sommertag die Atmosphäre abkühlt. Es wird auch früh ins Gespräch eingebracht, jedoch nicht als erstes Medium. Die Anglistikstudenten setzen darüber hinaus die Anschauungsbeispiele Weinkühler und Feuerzeug früh ein, während die Chemiestudenten diese Gegenstände, vor allem das Feuerzeug (Medianwert 12), eher später benutzen würden. Alle Beispiele, bei denen sich das Prinzip der Verdunstungskälte direkt auswirkt, werden überwiegend im vorderen Teil der Erklärung angesprochen.

Den alltäglichen Beispielen und Anschauungsgegenständen kommen zwei Funktionen zu. Sie dienen zunächst als Mittel, um dem Lernenden das Problem zu verdeutlichen und ihn dafür zu interessieren. *"Ich hab mit Beispielen angefangen. Ich denke, daß zumindest erst mal ein persönlicher Bezug da sein muß, das erhöht die Aufnahmebereitschaft, wenn es irgendwas ist, was mich persönlich betrifft, womit ich auch etwas zu tun hab."; "Ich hätte mit dem Text Max im Strandbad angefangen, weil ich denke, das ist eine Situation, die kennt jeder. Daß man einmal, zuerst eine Problemstellung einmal machen: 'Ist Dir eigentlich schon mal klar geworden, warum es Dir so kalt ist, wenn Du aus dem Wasser kommst?'"* Die Probanden empfinden eine theoretische Einführung als weniger sinnvoll. *"Für mich ist die Vorstellung von Chemie und mit den ganzen Teilchen und was da alles passieren kann und die ganzen Vorgänge und so, ist für mich eigentlich 'ne andere Welt, da leb' ich so eigentlich nich' rein. Und jetzt die Sachen, die, da kann auch ich mich dann reinversetzen, oder die kann ich dann auch eigentlich sehr gut verste-*

hen, während ich an so 'nen Satz da denke, knall, dann ist das so für mich nach dem Motto: 'Friß oder stirb! Entweder Du schnallst den jetzt, oder Du hast Pech gehabt.'"

Darüber hinaus halten sie die Beispiele für geeignete Anknüpfungspunkte an das Vorwissen. Damit wird den Lernenden die Möglichkeit gegeben, selbständig an dem Problem zu arbeiten. *"Ich denke, das ist auch hauptsächlich deswegen, weil die Leute, die von einem Thema wenig Ahnung haben, halt von ihrem Erfahrungsschatz ausgehen, auf das, worauf sie zurückgreifen können."*; *"Das gibt ihnen (den Lernenden) auch nicht das Gefühl so dumm dazustehn', weil er etwas dazu beitragen kann. Deswegen ist ein Beispiel als Einstieg sinnvoll."*

Die drei Abbildungen, die die Wasserportion diskontinuierlich darstellen, werden ebenfalls alle überwiegend im vorderen Teil des Gesprächs eingesetzt, wobei jedes dieser Medien von einem Anglistikstudenten den ersten Rangplatz zugewiesen bekommt. In der Regel werden sie an die zweite bis fünfte Position gesetzt. Der Chemiecomic wird dabei eindeutig am besten bewertet (Median 3 (C) bzw. 5 (A)). Fast die Hälfte der Chemiestudenten würde ihn als zweites Medium verwenden.

Alle anderen Materialien werden bevorzugt im hinteren Teil des Gespräches eingesetzt. Dabei bewerten die beiden Probandengruppen das Diagramm über die Zustandsänderung des Wassers und den fachlichen Text, der beschreibt, daß der Verdunstungsvorgang auf die Teilchenbewegung zurückzuführen ist, etwas unterschiedlich. Die Anglistikstudenten bevorzugen das Diagramm (Medianwert 8 (A) gegenüber 10 (C)), während die Chemiestudenten eher den Text verwenden würden (Medianwert 6,5 (C) gegenüber 9 (A)).

Die sich aus der Bewertung der Materialien durch alle Probanden ergebende Reihenfolge wird durch einzelne Kommentare im Abschlußinterview vollkommen widergespiegelt: *"Ich hab' auch mit den Beispielen angefangen, um den Leuten klar zu machen, was überhaupt Sache ist und so und dann weiter eben das bildlich zu machen. Und zum Schluß, wenn es etwas verständlich gemacht wurde, dann vielleicht Text Teilchenbewegung und zum Schluß etwas wissenschaftlich das Diagramm anwenden, wenn es den Interessenten überhaupt noch interessiert."*; *"Erst zwei Beispiele, dann die Erklärung über die verschiedenen Zeichnungen dazu, dann die Erklärung etwas weiter führen und dann nochmal ein paar Beispiele zur Vertiefung."* Die aufgestellten Rangreihen und Kommentare aller Teilnehmer geben ein homogenes Bild ab. Offensichtlich haben die Probanden (Lehramtsstudenten) klare Ansichten über diese Lehr-Lern-Situation. Da sich Lehramtsstudenten intensiv mit dem Gegenstand Unterricht beschäftigen, spricht KOCH (1992) in diesem Zusammenhang von professionellem Wissen. Sie konnte zeigen, daß schon Studienanfänger eine klare Meinung über den Experimenteinsatz im Chemieunterricht haben.

Auch in diesen Interviews haben sich einige Probanden zur Stellung des Experiments geäußert. Sie kritisieren das Vorgehen, ihn an den Anfang zu stellen: *"Der Einstieg mit dem Versuch war auf alle Fälle zu schwierig."* Es wird wiederum angeführt, daß ein Einstieg über ein Phänomen aus dem Alltag sinnvoller sei: *"Z.B. so anfangen wie wir, mit den Thermometern, das würd' ich nicht machen. Da würd' ich mit 'nem Phänomen anfangen, was wir zum Schluß gemacht haben."; "Ich hätte vielleicht mit diesen Alltagsbeispielen angefangen, zuerst mal überhaupt das Phänomen irgendwie darstellen und vielleicht nachher, wie das so ist ... und vielleicht ganz am Ende den Versuch gemacht. Siehst'e, es stimmt, was wir herausbekommen haben, so nach dem Motto."*

Dabei fällt auf, daß einige Probanden zwischen einer schulischen und außerschulischen Lernsituation unterscheiden:

> Pr. "... In der Schule hätte ich das wahrscheinlich anders gemacht, aber bei dem Mann auf der Straße, den ich frag 'Kannst Du mir Verdunstungskälte erklären', ... "
> Int. "Wie würdest Du das denn in der Schule machen?"
> Pr. "Das kommt auf die Klasse (Jahrgangsstufe d.A.) an, ob ich denen erst mal das Problem hinstelle und ihnen sag 'Macht euch da mal Gedanken drüber.' Also in der Grundschule ... "
> Int. "In der Mittelstufe könntest Du dir also vorstellen, das genauso zu machen, wie wir das hier gemacht haben?"
> Pr. "Ja den Versuch find' ich ok.! ... "

Es wird deutlich zwischen einer Lehr-Lern-Situation, wie sie in dem Gespräch abgelaufen ist, und der Schule differenziert. Entgegen den Angaben bei der Rangreihenbildung kann in der Schule offensichtlich die Anknüpfung an bekannte Situationen unterlassen werden. Hier ist scheinbar nicht mehr das bildhaft anschauliche Element des Lerngegenstandes von Bedeutung, sondern lediglich seine 'gedankliche', seine begrifflich kognitive Verarbeitung.

> Int. "Du hattest auch danach gefragt 'Der Versuch selber ist da nicht aufgeführt in der Liste'. Wo hättest Du den denn hingesetzt, in der Liste?"
> Pr. "Ja, wenn sich das ganze im Unterricht abspielt, dann kann man den sicherlich so an den Anfang setzen, weil dann so die Sachen, daß Bewegung gleich Wärme da sind und daran anknüpfen, ist sicherlich das interessanteste. ... "
> Int. "Im Unterricht fändest Du so einen Ablauf normaler oder was?"
> Pr. "Ja, auch sinnvoll alle überlegen zu lassen, was passiert, den Versuch durchzuführen, denke ich schon. ... "

Für diesen Probanden scheint es ganz klar zu sein, daß im Unterricht wesentliche Erklärungsaspekte schon bekannt sind, wenn ein Versuch gemacht wird. Diese Ansicht wird nochmals geäußert:

> Int. "Also würdest du im Unterricht genauso vorgehen. Zuerst mal die Sachen ansprechen, die man kennt und dann so was (zeigt auf den Versuch)."
> Pr. "Nein, da ist es durchaus sinnvoll direkt mit dem Versuch anzufangen, weil da ein Vorwissen da ist oder man weiß, welches Vorwissen da ist. Während jetzt für uns

vielleicht besonders liebäugeln mit den Alltagserscheinungen. Da langsam sich zurückzubasteln, in der Erinnerung an die Chemie."

Hier wird gleichzeitig angedeutet, daß Unterricht qualitativ anders ist, als außerschulisches Lernen. 'Sich in der Erinnerung die Erklärungsmuster zurückbasteln' bedeutet, sich auf eine andere Argumentationsebene zu begeben. Das wird auch im folgenden Interviewabschnitt deutlich:

P.1 "Das ist ja schon ein bißchen abstrakter mit dem Versuch, also ich finde das mit dem Erfrischungstuch am einleuchtendsten, also so Alltagserfahrungen eben."

Int. "Was heißt denn abstrakter?"

P.1 "Ja, ich konnte mir das am besten mit diesen Alltagssituationen vorstellen."

P.2 "Ja, ich glaub bei diesen Versuchen, da kann man insofern nur den Unterschied erkennen im Temperaturablesen, aber man erfährt eben nicht, was genau passiert. Man kann es sich vorstellen, aber man sieht's eben nicht so oder spürt es. Und das ist eben bei den ander'n Sachen gegeben."

Int. "Wenn ihr das in der Schule machen würdet, wie würdet ihr das da machen?"

P.2 "Wahrscheinlich genauso wie hier. Soviele Möglichkeiten gibt es ja auch nicht, die Veränderung festzustellen."

Int. "Also würdet Ihr eher mit dem Temperaturversuch kommen als mit einem Erfrischungstuch?"

P.2 "Ja, also zu meiner Schulzeit eher als mit Erfrischungstüchern."

P.3 "Das hat ja auch so einen praktischen Anreiz, so ein Erfrischungstuch, da weiß ich nicht, ob das so günstig ist, ja gut ist kalt, aber da kann man sehen, die eine Temperatur fällt, die andere steigt. ..."

P.1 "Das ist halt auch objektiver, würd' ich sagen. Also mit dem Erfrischungstuch, da kann jeder ankommen, da sind so viele Nebeneffekte dabei, weil es parfümiert ist usw.."

Die Argumentation kippt in diesem Interview genau an der Stelle, an der die Sprache auf die Schule kommt. Da wird ein 'abstrakter, nicht ganz so einleuchtender Versuch' einem Erfrischungstuch vorgezogen, weil er 'objektivere Ergebnisse' liefert. Die Äußerungen des folgenden Teilnehmers legen noch einmal in drastischer Weise offen, daß aus seiner Sicht, das Vorgehen bei schulischem und außerschulischem Lernen vollkommen anders ist.

P.1 "Der Schritt zu so einem Experimentaufbau ist ja auch schon wieder Abstraktion, 'rausnehmen aus dem Alltag und innerhalb der Schule ist der bekannter. Also hier kommst'e rein, siehst das Dingen und denkst ach nein ... und das dann noch erklären, dann geht's los."

Int. "Das erinnert dich an Schule?"

P.1 "Ja ein Stück"

P.2 "Ja!"

P.1 "Innerhalb der Schule ist das aber anders, da ist das der Alltag."

In der fiktiven Lehr-Lern-Situation würden nahezu alle Probanden als Lehrende ein Alltagsbeispiel an den Anfang des Lerngespräches setzen, um darauf aufbauend mit Abbildungen die fachlichen Grundlagen zu erarbeiten. Im Interview ist deutlich geworden, daß sie die Schulsituation anders auffassen und dort auch ein anderes

Vorgehen wählen würden. Sowohl in der Schule als auch in dem Gespräch sollte jedoch etwas gelernt werden, und es bleibt unklar, warum zwischen dem Vorgehen in der Schule und in einer außerschulischen Situation differenziert wird. Im folgenden soll daher das Verhalten der Versuchsteilnehmer als Lehrende in der realen Lehr-Lern-Situation betrachtet werden. Es wird ein Vergleich zu den Angaben über die fiktive Situation gezogen.

5.2.4 Vergleich reale und fiktive Lehrsituation

Nach den Rangreihen der Materialien und den dazu abgegebenen Erläuterungen müßte man erwarten, daß die Teilnehmer in der Funktion des Gesprächsleiters frühzeitig auf bekannte Phänomene verweisen oder Anschauungsbeispiele heranziehen. Dies machen jedoch lediglich zwei der 18 Teilnehmer, die die Funktion des Lehrenden einnehmen. (Tab.35)

Medium	zuerst eingesetzt	insgesamt eingesetzt
Abb. Thermometer	6	9
Abb. Gefäß	4	12
Chemiecomic	2	11
Diagramm Verteilung	3	9
Alltagsbeispiele	2	6
Diagramm Zustandsänderung	-	4
Satz Energieerhaltung	-	4
Text Teilchenbewegung	-	2

Tab. 35: Häufigkeit der eingesetzten Medien

Während ein Verweis auf Alltagsbeispiele selten stattfindet, werden die Abbildungen häufig benutzt. Von den meisten Teilnehmern werden sie als erste der bereitstehenden Materialien ausgewählt. Das Vorgehen, die Abbildungen im vorderen Teil des Gespräches einzusetzen, entspricht den Angaben zur fiktiven Lehrsituation. Häufiger als erwartet, wird die Maxwell-Boltzmann-Verteilungskurve in die Besprechung des Phänomens einbezogen. In drei Gesprächen wird sie von den Teilnehmern sogar als erstes Hilfsmittel eingebracht. In allen drei Fällen ist es gleichzeitig das Medium, das dem Teilnehmer in der vorangegangenen Lernsituation selbst zuerst gezeigt wurde. Ähnliches trifft auch auf viele Gespräche zu, in denen andere Medien zuerst ausgewählt werden. Es zeigt sich, daß die eigene Lernphase große Auswirkung auf das Verhalten als Gesprächsleiter hat. In einigen Fällen sind ganze Gesprächspassagen nahezu identisch. Dies fällt natürlich besonders bei außergewöhnlichen Argumentationen auf. Ein Teilnehmer erklärt beispielsweise folgendes:

"Durch die strömende Luft wird Wärmeenergie erzeugt, durch die Reibung, sag' ich jetzt mal, und beim zweiten und dritten ist es so, daß die Verdunstung Energie freisetzt und zwar, das kann man zwar jetzt nicht sehen, aber in dieser Portion Wasser, die da drum ist, gibt es unterschiedliche Schichten: 'ne tiefe Schicht, 'ne mittlere Schicht und 'ne obere Schicht und die haben unterschiedliche Energiegrößen. Die unterste Schicht, da ist relativ wenig Energie, die Wasserteilchen da drin, bewegen sich sehr langsam. In der mittleren Schicht ist schon 'ne höhere Bewegung in den Teilchen und damit auch 'ne höhere Energie, und in der obersten Schicht ist sehr viel Bewegung in den Wasserteilchen und damit auch sehr viel Energie, und diese hohe Energie führt dazu, daß Wasser verdampft und in den Raum eintritt. Die Menge Energie, die jetzt oben frei wird, wo das Wasser verdampft, die schlägt sich dann auch nieder am Thermometer in der anderen Weise, daß die Temperatur sinkt, weil unten immer weniger Bewegung stattfindet. Und das Ganze wird dann noch drastischer, wenn ich das mit dem Fön, hier in dem dritten Versuch, mache. Da erhöhe ich die Luftzirkulation, und da tritt der Austausch noch stärker zutage. .... Es ist also so, daß die unterschiedlichen Bewegungen da sind. Die unterste Schicht im Wasser würde eher in die Richtung streben, fest zu werden und die oberste Schicht, in der Nähe der Luft, strebt dazu, luftförmig zu werden. ..."

Der Proband, dem diese Erklärung gegeben wurde, macht als Gesprächsleiter folgende Äußerung:

"Wenn ich da mit dem Fön 'ran geh', hab ich Luft-, Windenergie, wie auch immer, die reibt sich am Thermometer. Es entsteht Reibungsenergie, und die Reibungsenergie setzt sich wieder frei in Wärmeenergie, reine Energieumwandlung. ... Wir haben jetzt den Aggregatzustand flüssig, und ein flüssiger Stoff, hier in der Binde ist ja nichts anderes, ne' in der Binde ist ja auch flüssiger Stoff, ist halt nur alles wesentlich kleiner, da gibt's verschiedene Schichten. Nennen wir das mal 'ne untere Schicht, 'ne mittlere Schicht und 'ne obere Schicht. Und in den verschiedenen Schichten des flüssigen Stoffes, besteht ein verschiedenes Energiepotential. D.h. flüssige Stoffe haben immer das Bestreben, gasförmig zu werden, d.h. das an der Oberfläche entsprechend mehr Bewegung stattfindet. Unterschied zwischen flüssig und gasförmig beim Wasser ist z.B., ich weiß nicht, ob du das weißt, daß im Wasser die Bewegung der einzelnen Teilchen einfach langsamer ist als im gasförmigen Zustand, d.h. desto schneller die werden, desto gasiger wird es auch. Das ist der Effekt beim Verdunsten. Der andere Zusammenhang ist, daß bei höherer Bewegung entsprechend höhere Energie auch gebraucht wird, eingesetzt wird. Bei niedriger Bewegung entsprechend weniger Energie freigesetzt wird. ... Wird die Bewegung größer, nimmt die Anzahl der Teilchen ab, auf dem gleichen Raum, und die Temperatur wird höher, also mehr Energie, die da freigesetzt wird."

Alle drei Elemente, die in der Erklärung des ersten Probanden als Gesprächsleiter auffallen, werden auch vom zweiten Probanden in dieser Funktion verwendet. Das erste außergewöhnliche Erklärungselement ist die Reibungsenergie und das zweite die Einteilung der Wasserportion in drei Schichten, innerhalb derer die Teilchen unterschiedliche Bewegungsenergie aufweisen sollen. Letztlich treten in beiden Erläuterungen Passagen auf, in denen von Energiefreisetzung gesprochen wird.

Sowohl die Beispiele aus dem Alltag als auch die zur Verfügung stehenden Gegenstände werden von den Gesprächsleitern während der Diskussion über das Phänomen kaum aufgegriffen. Bei den Chemiestudenten ist es durchaus verständlich, weil das Gespräch in der Regel durch die Beiträge des Lernenden getragen wird und dieser sehr früh eine Erklärung auf der Teilchenebene abgibt. Diese Probanden bedürfen keiner weiteren Hinführung an eine Erklärung des Phänomens auf der Kontinuumsebene, so daß ein Verweis auf Alltagssituationen unnötig ist. Argumentieren die Probanden im Gespräch jedoch auf der Kontinuumsebene und werden keine Vorschläge gemacht, auf denen das Gespräch weiter aufgebaut werden kann, wäre der Einsatz der Beispiele durchaus sinnvoll. Bei den Anglistikstudenten ist das in neun der zehn Gespräche der Fall, doch auch hier werden kaum Anschauungsbeispiele in der Anfangsphase des Gesprächs eingebracht. Stattdessen wird gleich zu Beginn auf das Diskontinuum verwiesen.

Int. "Hast Du jetzt 'ne Erklärung dafür?"
Pr. "Nein!"
Int. "Vielleicht 'ne alte Idee?"
Pr. "Ich kann höchstens sagen, daß das Wasser wohl kälter ist als die Raumtemperatur und deshalb fällt."
Int. "Vielleicht die Vorgabe, daß Wärme sich normal ausdrückt in einer schnelleren Bewegtheit der Teilchen, aus denen sich der Stoff zusammensetzt. Und daß jetzt die Einwirkung der Luft die Bewegung der Teilchen erhöht, die Schnelligkeit."

Offensichtlich fühlen sich die Teilnehmer in der Funktion des Lehrenden genötigt, sehr früh eine genaue, fachlich vollständige Erklärung zu erarbeiten. Weitere Beispiele stehen im Anhang XX. Selbst wenn der Proband von seiner eigenen Erfahrung mit diesem Phänomen berichtet und damit einen Ansatz liefert, um das Gespräch auf der Kontinuumsebene einzuleiten, wird nicht darauf eingegangen:

Pr. "Weil die Luft, die im Raum drin war, einfach nur umgewirbelt wurde und somit die Temperatur der Zugluft sich nicht verändert. Das Zweite ist mir ein Rätsel und das Dritte denk ich mir, Kombination von Wasser und Zugluft, das ist Erfahrung, daß das kälter wird, aber warum das so ist, kann ich nicht sagen."
Int. "Was passiert, wenn's kälter wird?"
Pr. "Es wird komprimiert oder zusammengedrückt oder wie auch immer."
Int. "Weißt Du auch warum?"
Pr. "Zieht sich zusammen, weil's kälter ist."
Int. "Was passiert denn da auf einer anderen Ebene?"
Pr. sagt nichts
Int. "Auf der molekularen Ebene?"
Pr. "Au weia, nee!"
Int. "Dann mach ich das eben. Also erst mal grundsätzlich: Temperatur, ein Stoff mit unterschiedlicher Temperatur, das, was Du mißt, ist nichts weiter als die Bewegung der Moleküle innerhalb des Stoffes. Wenn ein Stoff erhitzt wird, bewegen sich die Moleküle schneller, der Zusammenhalt wird kleiner und es nimmt einen größeren Raum ein. ... "

Zwei Teilnehmer greifen zu Beginn der Erklärung eine Alltagssituation auf, geben dem Probanden jedoch nicht die Möglichkeit, anhand dieser Anregung das Gespräch selbst fortzusetzen.

Pr. Kommentiert die Beobachtungen
Int. "Was passiert denn da mit dem Wasser?"
Pr. "Verdunstet das vielleicht? (Lacht verschmitzt)"
Int. "Ja! (lacht) Was passiert denn da beim Verdunsten?"
Pr. "Weiß ich nicht."
Int."Normalerweise würdest Du aus dem Alltag heraus sagen, daß wenn Wasser verdunstet, daß das was mit Wärme zu tun hat. Der Standard ist ja kochendes Wasser, daß es da Wärme gibt, die das Wasser dazu bringt, zu verdunsten. Hier ist es ja umgekehrt, hier sinkt die Temperatur. Also das Wasser besteht aus einer Anzahl von Teilchen, die sich bewegen. Wenn das Wasser in den gasförmigen Zustand übergeht, ist das so, daß die beweglichsten Teilchen sich entfernen, durch Energiezufuhr sich entfernen und die unbeweglichen Teilchen zurückbleiben. ... "

Es treten also große Differenzen zwischen den theoretischen Angaben über die fiktive Situation und dem praktischen Handeln als Gesprächsleiter auf. Es muß eingeräumt werden, daß der Gesprächsverlauf in der realen Lernsituation durch das vorgeschaltete Experiment beeinflußt wird. Der Einstieg in das Thema ist damit schon erfolgt. Das führt unter Umständen dazu, daß alltägliche Beispiele, die ebenfalls nur als Einleitung vorgesehen sind, nicht mehr angesprochen werden. Es ist jedoch zu erwähnen, daß kein einziger Teilnehmer bei der Hypothesenbildung fachliche Aspekte berücksichtigt hat. Von den Anglistikstudenten hat in der Anfangsphase des Gespräches als Lernender nur einer selbständig die Diskontinuierlichkeit des Wassers angesprochen. Sie sollten also aus ihrer eigenen Erfahrung als Lernende wissen, daß ein langsames Heranführen an die Erklärung über die Versuchsdurchführung hinaus sinvoll wäre. Stattdessen erwarten sie in der Funktion des Lehrenden von ihren Gesprächspartnern sehr schnell eine fachliche Antwort auf der Teilchenebene. Eine Interpretationsmöglichkeit für dieses Verhalten bietet die Annahme, daß der Beginn mit dem Versuch dazu führt, das Gespräch mit einer Schulsituation zu vergleichen. Obwohl das nur ein Teilnehmer direkt ausspricht, wird es in mehreren Gesprächen angedeutet. Das weist darauf hin, daß es offensichtlich interindividuelle Ansichten über (Chemie-) Unterricht gibt, die einem Schema ähnlich sind. Es stellt sich als ein stereotypes Bild dar, in dem Alltagsvorstellungen als Informationselemente offensichlich nicht enthalten sind. Äußerungen wie: *"Ja also zu meiner Schulzeit ..."* bestätigen die Annahme von KOCH, daß solche subjektiven Theorien über Unterricht durch tradierte Erfahrungen beeinflußt werden. Sie drücken sich in starren nicht weiter begründeten Regeln aus. Dem paßt man sich nicht nur in der bekannten Funktion des Lernenden, sondern auch in der neuen Situation des Lehrenden an. Es entspricht diesem Bild, daß der Gesprächsleiter die Interpretation auf der Teilchenebene frühzeitig zur Erklärung des Phänomens einführt, obwohl es eine eher ungeläufige Argumentationsweise für Nicht-Naturwissenschaftler ist.

Sicherlich bestehen auch subjektive Theorien über den Medieneinsatz im Unterricht, die durch Vorerfahrungen beeinflußt sind. *"Ich glaube, daß es sinnvoll ist, mit mehr Mitteln etwas zu erklären. Wir hatten eine Lehrerin, die es geschafft hat, alle Lerntypen zu erreichen, also akustische, optische, also viel mit Bildern und mit Filmen gearbeitet hat und welche, die einfach schreiben mußten, also alles noch einmal hinschreiben mußten. ..... Ich würde wohl noch andere Medien einsetzen, also z.B. einen Film einsetzen, um möglichst viele Lerntypen zu erreichen."*

5.2.5 Bedeutung bildhafter Medien

Im Abschlußinterview sind die Teilnehmer auf die Bedeutung der Abbildungen eingegangen. Als wesentliche Funktion wird von ihnen das Hinführen zu einer Teilchenvorstellung herausgestellt. *"Viele können sich ja gar nicht vorstellen, daß ein Stoff aus vielen Millionen Teilchen besteht. Und deswegen ist es auch wichtig, daß man es sichtbar macht, und da sind die Zeichnungen am besten geeignet.";* *"Ich würd' sagen, da wird zuerst einmal der Schritt geleistet, von Wasser, was man ja so im Ganzen sieht, zu den Teilen hin. Also daß es aus diesen einzelnen Teilen besteht."* Die Abbildungen werden als erster Schritt einer theoretischen Betrachtung des Phänomens verstanden. *"Ich finde die Abbildungen gut, weil sie einfach auf die Teilchenvorstellung hinführen, und das ist die Herleitung vom praktischen Teil zum theoretischen. Das mit den Kügelchen ist ganz sinnvoll."* Weitere Beispiele stehen im Anhang XXI. Während an den Beispielen das Phänomen einem praktischen Umgehen entsprechend auf der Kontinuumsebene geschildert und gedeutet werden kann, ist eine Erklärung auf der Diskontinuumsebene praxisfern, also theoretisch. Um diesen *"Sprung zu den Atomen"* (BUCK 1987) zu vollziehen, erscheint den Teilnehmern eine bildhafte Darstellung hilfreich zu sein.

Der Chemiecomic geht dabei einen Schritt weiter als die anderen Abbildungen, weil er über die zeichnerische Darstellung hinaus einen Text enthält, der alle wesentlichen Informationen für die Erklärung beinhaltet. *"Weil hier eigentlich schon bei steht, was man dazu noch erklären müßte. ... Das ist greifbar, weil derjenige, der sich das betrachtet, sieht auf einen Blick sofort, ja, die sind energiearm, das sehe ich am Gesichtsausdruck, an den Blasen."* Es fällt auf, daß der Comic von den Chemiestudenten geringfügig höhere Rangplätze erhält als von den Anglistikstudenten. Unter Umständen drückt sich an dieser Stelle aus, daß die Chemiestudenten mehr Vorwissen über die Thematik besitzen und daher frühzeitig ein Medium auswählen, das die gesamte Problematik erfaßt. *"Der beschreibt am einfachsten ohne viel Theorie, alles, was Sache ist."* Dem Text 'Teilchenbewegung', in dem die vollständige fachliche Erklärung zusammengefaßt ist, werden von den Chemiestudenten ebenfalls höhere Rangplätze als von den Anglistikstudenten zugewiesen. Der Comic besitzt allerdings den Vorteil, *"daß man an diesem Comic das Problem auf sehr verschiedenen Niveaus bearbeiten kann."*

Der Comic wird insgesamt sehr positiv von den Probanden aufgenommen. Allerdings kann die bildhafte Gestaltung auch Schwierigkeiten mit sich bringen. Einige Probanden weisen den Teilchen Eigenschaften zu. Es wird also nicht zwischen der Wasserportion und den sie konstituierenden Teilchen differenziert. Dies ist ein bekanntes und mehrfach diskutiertes Problem (vgl. u.a. BROOK et al. 1981; PICK 1991). Am häufigsten wird in den Gesprächen geäußert, daß die Teilchen verdunsten oder *"sich in den gasförmigen Zustand verwandeln."* (Beispiele im Anhang XXII) Diesen Fehler machen sowohl Chemie- als auch Anglistikstudenten. Die Anglistikstudenten weisen den Teilchen darüber hinaus die Eigenschaften warm und kalt zu, sie setzen also Bewegung eines Teilchens mit dessen Wärmeinhalt gleich, ohne zu beachten, daß nur eine Stoffportion einen Wärmeinhalt besitzt. Sicherlich handelt es sich in diesem Fall um ein sehr diffiziles Problem, da das eine aus dem anderen resultiert, nur die Bezugsebene eine andere ist. Es kann nicht beurteilt werden, inwieweit dieses Problem durch die gewählte Darstellungsform induziert wird, möglicherweise wird es dadurch aber verstärkt. Der Bezug zum Comic wird vor allem dann deutlich, wenn zusätzlich der Ort der Teilchen erwähnt wird. Im folgenden Beispiel erläutert ein Teilnehmer, in der Funktion des Gesprächsleiters, einem Probanden die Abbildung 'Gefäß': *"Da sind die Moleküle dargestellt, und da ist 'ne Verdunstung. Da sind ja bewegte und unbewegte Teilchen. Unten sind die unbewegten Teilchen, die sind sehr kühl. Die bewegten Teilchen sind wärmer und steigen dann auf und verdunsten. ... Wenn die Warmen 'raus sind, dann sind nur noch die Kalten da."* Weitere Beispiele sind im Anhang XXIII aufgeführt.

Ganz wesentlich für die Beurteilung von Bildern für den Lernprozeß ist die Frage, was sie in Bezug auf die gedankliche Verarbeitung bewirken. Die Teilnehmer vertreten dazu den Standpunkt, daß Abbildungen die Generierung eines Vorstellungsbildes erleichtern. *"Es erspart einem einen Gedankenschritt, nämlich den, eben was man gehört hat, auch in ein visuelles Bild zu übertragen, was man ja viel besser speichern kann.";* *"Daß man in seinem geistigen Auge vor sich sieht, da gehen solche Teile weg von dem Ganzen und es besteht halt daraus. Wenn man nur einen Text liest, muß man erst mal darauf kommen, daß das so ist. Es ist schwerer sich das vorzustellen."* Die Aussagen belegen, daß zur Informationsverarbeitung auch dann bildhafte Gedächniselemente aufgebaut werden, wenn die Information ausschließlich verbal übermittelt wird, gerade deshalb, weil bildhafte Vorstellungen für das Verständnis unerläßlich sind. Das wird in vielen Aussagen betont. *"Ich denke, man muß bei den meisten Menschen mit Bildern immer arbeiten, also diese bildliche Vorstellung, das ist das Wichtigste, um Verständnis zu erreichen."* Diese Aussage impliziert, daß Vorstellungen einen bedeutenden Informationsgehalt besitzen. Im folgenden Interviewabschnitt wird die Funktion des visuellen Vorstellungsbildes als Informationsverarbeitungselement explizit angesprochen.

P.1 "Wenn ich etwas mündlich erkläre, das umzusetzen, also die akustischen Reize umzusetzen, im Kopf, wie ein Bild vor Augen zu haben. Wie soll das aussehen."

P.2 "Das schaffen sicherlich einige, daß sie sich durch's Erzählen ein Bild machen können, aber es ist doch viel praktischer, das am Bild zu erklären."

Int. Braucht man das Bild?

P.1 "Ich denke, das Bild ist wichtig zum Verständnis. Ich denke, ohne geht's nicht."

P.3 "Ich denke, es geht nicht, ohne sich wenigstens ein gedankliches Bild zu schaffen. Es mag ohne Abbildungen und Zeichnungen gehen, aber nicht, ohne daß man sich in Gedanken ein Modell schafft. Sonst würde man rein abstrakt Denken, und das sind die allerwenigsten, die das schaffen."

P.1 "Ich denke, daß auch später die Übertragungsmöglichkeiten fehlen. Modelle kann man ja weiter entwickeln, und der Chemieunterricht baut ja auch nachher darauf auf, und man kann auf Grundmodelle zurückgreifen, wenn man weiterführend denken muß. Gerade bei Teilchenbewegung, da kann ich mir jetzt diese Kügelchen vorstellen wie sie hin- und herschwingen, sich gegenseitig anstoßen, das ist doch wieder 'ne Weiterentwickung. Deswegen halte ich 'ne geistige Vorstellung für nötig, um weiterführend zu denken."

Von diesen Probanden werden Vorstellungen als grundlegende Verarbeitungselemente beschrieben, die bei der gedanklichen Bearbeitung eines komplexen Problems flexibel eingesetzt werden können. Sie werden in einer Grundform gespeichert, sind aber stets einer Manipulation, Veränderung oder Erweiterung zugänglich. Im Anhang XXIV sind weitere Beispiele angeführt.

"Das heißt ja nicht, daß ich eine konkrete Vorstellung nicht abstrahieren kann. Ich abstrahiere dadurch, daß ich erweiter', dadurch, daß ich von einem Grundgedanken ausgehe. Ich seh' jetzt mal diese Kügelchenabbildung vor mir und wenn ich dann von Teilchenbewegung ausgehe, dann abstrahiere ich ja. Ich hab das ja nicht mehr vor Augen, wie das auf dem Zettel war, sondern sehe eine Teilchenbewegung, die kann ich mir gedanklich vorstellen. Aber irgendwo muß ich einen konkreten Grundgedanken haben und den kann ich über eine ordentliche Abbildung erhalten."

In diesen Interviewpassagen wird der Begriff Vorstellung von den Probanden zur Beantwortung der Frage nach der Funktion der Abbildungen benutzt und dabei als Informationsverarbeitungselement verstanden, das aufgrund einer Wahrnehmung gebildet wurde. Konkretes wird hier in der Regel als Reales, Gegenständliches und sinnlich Wahrnehmbares verstanden. Tritt der Begriff in anderen Zusammenhängen auf, so werden auch andere Aspekte von den Probanden angesprochen.

Int. Du hast den Begriff Vorstellung benutzt, was meinst Du damit?

Pr. "Als Vorstellung betrachte ich das Beispiel mit der Klimaanlage, ne, das ist für mich 'ne Vorstellung, so könnte das funktionieren. Ich geh' davon aus, der weiß es nicht, und deshalb frag' ich nach 'ner Vorstellung und nicht 'Weißt Du wie's funktioniert?' "

Int. Du unterscheidest zwischen Wissen und Vorstellung.

Pr. "Ja, ja eben, das ist schon bewußt, das mit der Vorstellung."

Int. Was ist denn der Unterschied zwischen Wissen und Vorstellung?

Pr. " 'Ne Ahnung! "

Int. Wie drückt sich die Ahnung aus?

Pr. "Ja, anhand von Beispielen, wie der Max im Schwimmbad. Als er das eben sagte, fiel mir sofort ein, daß wenn ich auf dem Surfbrett steh', und es ist Wind, und ich werde schneller trocken, und es wird mir kalt. Das sind für mich so Vorstellungen, und die

sollen so an den Anfang gesetzt werden, um zu sehen, wie's dann weiter geht."
Hier wird erwähnt, daß der im praxisorientierten Alltag notwendige Informationsgehalt in Form von Vorstellungen gespeichert wird. Dabei wird auch eine direkte Beziehung zur Wahrnehmbarkeit bzw. persönlichen Erlebbarkeit gezogen. In der nächsten Interviewpassage wird deutlich, daß sich davon theoretisches, fachliches Wissen abgrenzt, das von der sinnlichen Erfahrung bereits abstrahiert ist. Das impliziert eine Unterscheidung zwischen modaler und amodaler Verarbeitung und Speicherung von konkreter bzw. abstrakter Information.

Int. Du benutzt den Begriff Vorstellung, was heißt Vorstellung für Dich?

Pr. "Eine noch nicht ganz konkret gefaßte, abgeschliffene, ausformulierte Erklärung. Die ist noch im Vorverstehen, in dem Bereich, das ist 'ne Vorstellung."

Int. Wovon würdest Du denn Vorstellung abgrenzen?

Pr. "Ja, der Lehrsatz, der dann konkret das Ganze festnagelt, ohne noch einen direkten Bezug zu der Beobachtung zu haben."

Int. Was heißt da konkret?

Pr. "Das ist sprachlich nochmal, so ein geschriebener Satz, der nochmal für das Abwesende der Vorstellung oder der Beobachtung, Vorstellung ist ja wieder gespeichert, steht. Von daher ist das abstrakt. Das andere ist vielleicht abstrahierend, also so langsam weggehend, also so ein bildliches Schema zu fassen und dann sprachlich möglichst konkret, das heißt fachsprachlich möglichst fest."

Int. "Was ist konkreter: So ein Bild oder so ein Lehrsatz?"

Pr. "Der Lehrsatz! - Ich verstehe, so konkret hab' ich als abstrakt genommen. Ich meinte konkret nicht als anschaulich, sondern innerhalb der Chemie als ein Festmachen."

Die im zweiten Untersuchungsabschnitt aufgetretene Verbindung von Konkretheit mit begrifflichem, definitorischem Wissen kommt auch hier wieder zum Ausdruck. Gleichzeitig wird dabei angesprochen, daß bei Abstraktem auf die Beobachtungsmöglichkeit verzichtet werden muß. Damit wird eine Verbindung zwischen den beiden Definitionsaspekten hergestellt. Auch der folgende Proband vermischt diese beiden Auffassungen darüber.

P.1 "Abstrakt ist es deswegen, weil man es so gar nicht sehen kann. Es geht um Teilchen, um eine Modellvorstellung. ..."

P.2 "Und deswegen ist es auch wichtig, daß man es sichtbar macht, und da sind die Zeichnungen am besten geeignet."

Int. "Man hat also abstrakt und die Gegenseite davon wäre sichtbar machen?"

P.2 "Ja!"

Int. "Man kennt auch das Gegensatzpaar konkret und abstrakt, wäre das dann konkret?"

P.1 "In dem Sinne nicht, daß es vollkommen ausgeschöpft ist von den Informationen her."

Int. Du sprachst eben davon, daß bei konkreten Dingen die Information nicht ganz ausgeschöpft wird.

P.2 "Ich bin davon ausgegangen, daß man ihm das erklären soll mit Energie und Bewegung und das steckt in diesen Bildern nicht drin. Daß das noch nicht in dem Sinne konkret ist, daß es vollständig ist."

5.2.6 Ergebnisübersicht

Während in der zweiten Untersuchung die Aussagen zur Bildhaftigkeit und Konkretheit über isolierte Begriffe gemacht wurden, basieren sie in diesem Untersuchungsabschnitt auf einer komplexen Problemlösesituation. Bei der Prognose des Versuchsergebnisses nimmt die Häfte der Teilnehmer auf Alltagserfahrungen Bezug. Kein Proband führt in diesem Zusammenhang fachliche Erklärungselemente an. Die Anglistikstudenten versuchen, das Phänomen, auch nach der Durchführung des Versuchs, von bekannten alltäglichen Situationen ausgehend zu erklären. Dabei bleiben sie stets auf der Kontinuumsebene. Sie erkennen dabei im Verlaufe des Gesprächs aber, daß die Abkühlung auf der Verdunstung des Wassers basiert. Sie sprechen die Aggregatzustandsänderung an und erwähnen, daß dazu Energie notwendig ist. Eine Deutung auf der Teilchenebene bleibt in der Regel aus. Die Chemiestudenten sprechen diesen Aspekt hingegen sehr früh an.

Auf die Frage, wie sie dieses Phänomen einem Mitbürger nahebringen und erklären würden, wählen alle Probanden zuerst Alltagssituationen. Das dient zum einen dazu, dem Lernenden das Problem darzustellen, und zum anderen dazu, daß er selbst erste Deutungen abgeben kann.

Beides macht deutlich, daß ein Alltagsbezug, der in bildhafter und episodischer Form erinnert wird, ein wichtiges Element zu Beginn der Problemlösesituation darstellt. Dabei spielt die Praxisorientierung eine wichtige Rolle. Vor allem bei den fachfremden Studenten bleibt dieser Aspekt während der gesamten Problemlösung von Bedeutung, während er bei den Chemiestudenten bald in den Hintergrund rückt. Das steht im Einklang mit den Ergebnissen des zweiten Untersuchungsabschnitts. Es erstaunt daher, daß die Anglistikstudenten in der Funktion des Gesprächsleiters selten den Alltagsbezug aufgreifen und stattdessen sehr früh eine Erklärung auf der Diskontinuumsebene erwarten.

Zur Einführung der Teilchenvorstellung werden häufig die zur Verfügung gestellten Abbildungen genutzt. Sie ermöglichen dem Lernenden, ein visuelles Gedankenbild aufzubauen. Diese bildhaften Vorstellungen sind für die gedankliche Verarbeitung unerläßlich und können flexibel eingesetzt und modifiziert werden.

Wie schon in der zweiten Untersuchung wird Konkretheit/Abstraktheit u.a. über begriffliches Wissen definiert. Es werden jedoch Beziehungen zwischen diesem Definitionsaspekt und der Wahrnehmbarkeit der zu verarbeitenden Information hergestellt.

Im Gespräch über Lehr-Lern-Prozesse wird deutlich, daß die Probanden subjektive Theorien über diese Situation besitzen. Sie beeinflussen sicherlich in hohem Maße ihre Handlungen, u.a. auch die Anwendung und Verarbeitung von Medien. Diesem Gesichtspunkt muß in folgenden Untersuchungen Beachtung geschenkt werden.

6 ZUSAMMENFASSUNG

Die neueren Arbeiten der Kognitionspsychologen innerhalb der Vorstellungsforschung weisen darauf hin, daß zur optimalen Informationsverarbeitung neben einem Netzwerk amodaler Propositionen modalitätsspezifische Informationselemente notwendig sind.

Diese Arbeit ist ein erster Schritt, sich mit der Bedeutung bildhafter Vorstellungen als Informationsverarbeitungselemente für das Lernen naturwissenschaftlicher Inhalte auseinanderzusetzen. Die ihr zugrunde gelegte Hypothese lautet: Bildhafte Vorstellungen sind für das Lernen naturwissenschaftlicher Inhalte von großer Bedeutung.

In drei Untersuchungsabschnitten werden die Ansichten von Lernenden dazu erfaßt. In der ersten Untersuchung beurteilen die Versuchsteilnehmer anhand von Ratingskalen die Eigenschaften Konkretheit, Bildhaftigkeit, Bedeutungshaltigkeit, Verständlichkeit und Alltagsbezug verschiedener Begriffe der Chemie. Es zeigt sich, daß die Mehrzahl der vorgegebenen Begriffe hinsichtlich der ersten vier Eigenschaften überwiegend positiv eingestuft wird, auch wenn sie submikroskopische Entitäten bezeichnen. Begriffe wie Atom, Bindung und Gleichgewicht werden beispielsweise als überwiegend konkret und bildhaft beurteilt. Bei den Begriffen Bindung und Gleichgewicht ist das u.a. darauf zurückzuführen, daß ihre Alltagsbedeutung bei der Interpretation des Begriffs einfließt. Das wird durch Aussagen in der zweiten Untersuchung bestätigt. Die Angaben zum Alltagsbezug sind im allgemeinen sehr stark polarisiert.

Werden die einzelnen Begriffe untereinander in Beziehung gesetzt, kann bei den Chemiestudenten eine systematische Beurteilung festgestellt werden. Sie scheint überwiegend inhaltlich geprägt zu sein. Es wird klar zwischen Begriffen unterschieden, die theoretischen Betrachtungen dienen und Begriffen, die etwas bezeichnen, was einem praktischen Umgang unterliegt. Ob die bezeichneten Entitäten sinnlich wahrnehmbar bzw. nicht wahrnehmbar sind, ist dabei von geringerer Bedeutung. Die Begriffe Atom, Sauerstoff und Energie nehmen eine Sonderstellung ein, denn sie können nur bedingt in der Systematik eingeordnet werden. Auch in der Bewertung durch die Schüler und Anglistikstudenten fallen sie auf, obwohl deren Einschätzungen insgesamt uneinheitlicher sind und kaum kategorisiert werden können.

Weiterhin werden die Angaben zu den Begriffseigenschaften untereinander korreliert. Dabei zeigt sich, daß Bildhaftigkeit sowohl zur Konkretheit als auch zur Verständlichkeit deutliche Beziehungen aufweist. Ebenso bestehen Zusammenhänge zwischen Konkretheit und Verständlichkeit. Die Bedeutungshaltigkeit der

Begriffe steht weniger stark mit den vorgenannten Eigenschaften in Beziehung.

Im zweiten Untersuchungsabschnitt erläutern die Probanden schriftlich ihre Angaben zur Bildhaftigkeit und Konkretheit einiger Begriffe. Dabei wird deutlich, daß sie mit Konkretheit begriffliche Erfassbarkeit und definitorisches Wissen verbinden, während als Kriterium der Bildhaftigkeit eher das alltägliche und anwendbare Wissen dient. Legt man dem Lernen eine Handlungstheorie zugrunde, liegt es damit nahe, die bildhaft vorgestellten Elemente als erste Abstraktion der praktischen Handlung aufzufassen. Es bleibt zu untersuchen, ob Vorstellungen als eine Vorstufe der begrifflichen Repräsentation notwendig sind und die Begriffsbildung unterstützen. Einige Aussagen der dritten Untersuchung führen in diese Richtung.

Hier werden durch ein experimentell vorgestelltes Phänomen Lehr-Lern-Situationen initiiert. Die Teilnehmer sollen zunächst als Lernende das Phänomen erklären und im Anschluß daran als Lehrende dem folgenden Probanden Hilfestellung bei der Problemlösung geben. Dabei stehen dem Lehrenden verschiedene Medien zur Verfügung. In einem abschließenden Interview werden die Medien beurteilt, wobei die Probanden gleichzeitig Beziehungen zur Bildung von Vorstellungen aufzeigen. Die ersten Assoziationen zu dem Phänomen sind oftmals an Alltagssituationen angelehnt. Die bildhafte und episodische Vorstellbarkeit spielt bei der Erfassung eines Problems eine wesentliche Rolle. Zudem wird deutlich, daß bildhafte Medien die Generierung von Vorstellungsbildern unterstützen. Darüber können auch sinnlich nicht wahrnehmbare Gegebenheiten vorstellbar werden und in der Form ein Bindeglied zwischen Anwendung und Begriff bilden: *"... weil sie einfach auf die Teilchenvorstellung hinführen, und das ist die Herleitung vom praktischen Teil zum theoretischen."* Insgesamt messen die Probanden bildhaften Vorstellungen einen hohen Stellenwert innerhalb der Informationsverarbeitung bei. Es zeigt sich, daß sie als wesentliche Verarbeitungselemente genutzt werden. Sie bilden eine Verbindung zwischen Wahrnehmen, Denken und Handeln. Die Äußerungen der Untersuchungsteilnehmer belegen die These, daß Vorstellungen zentrale Informationsverarbeitungselemente darstellen und für das Lernen naturwissenschaftlicher Inhalte von großer Bedeutung sind: *"Ich denke es geht nicht, ohne sich wenigstens ein gedankliches Bild zu schaffen. Es mag ohne Abbildungen und Zeichnungen gehen, aber nicht, ohne daß man sich in Gedanken ein Modell schafft."*

Die im letzten Untersuchungsabschnitt angewandte Methode hat darüber hinaus auf andere Probleme aufmerksam gemacht. Es zeigt sich nämlich, daß die Probanden vorgefaßte Meinungen über eine Lehr-Lern-Situation besitzen. Das Urteil der Teilnehmer über Medien oder Medieneinsatz wird durch diese subjektiven Theorien mitbestimmt und kann nicht losgelöst davon betrachtet werden. Zudem agieren in einer Lehr-Lern-Situation immer mehrere Personen zusammen. DUIT (1992) spricht in diesem Zusammenhang von einem hermeneutischen Zirkel, in dem sich die Lernenden ein Bild von den Gedanken und Erwartungen der Lehrenden machen und sich daran orientieren. Dasselbe geschieht bei den Lehrenden, die die vermeintlichen Vorstellungen der Lernenden zu interpretieren suchen. Es erscheint sinnvoll, einen Teil dieser Komplexität von Unterricht mit in folgende Forschungsvorhaben einzubeziehen. Die Methodik der Explorationsstudie ermöglicht es, diese Problematik aus verschiedenen Blickwinkeln zu betrachten. Durch zielgerichtete Fragen im Abschlußinterview werden dennoch Schwerpunkte gesetzt. Obwohl der letzte Untersuchungsabschnitt viele Aspekte aufgegriffen hat, wurde auf die Versprachlichung der individuellen Vorstellungen verzichtet. D.h der Schwerpunkt lag nicht auf der Erhebung inhaltlicher Aspekte von Vorstellungen, sondern vielmehr interessierten die introspektiven Aussagen der Lernenden über deren Bedeutung. Durch eine Verknüpfung von Bildforschung und Vorstellungsforschung kann in weiteren Untersuchungen auf beide Aspekte eingegangen werden.

Die Äußerung eines Probanden spiegelt abschließend den Grundtenor der Aussagen eines großen Teils aller Teilnehmer über die Bedeutung bildhafter Vorstellungen wider:

"Wenn man ein Bild entwickelt, kommt Verständnis - sonst ist nur Wissen ohne Verständnis."

7 LITERATUR

Aebli, H.: Denken: Das Ordnen des Tuns Bd.I - Kognitive Aspekte und Handlungstheorie, Klett-Cotta, Stuttgart, 1980

Aebli, H.: Denken: Das Ordnen des Tuns Bd.II - Denkprozesse, Klett-Cotta, Stuttgart, 1981

Anderson, J.R.: Arguments concerning representations for mental imagery, Psychological Review 85 (1978) 249-27

Anderson, J.R.: Kognitive Psychologie: eine Einführung, Spektrum der Wissenschaft, Heidelberg, 1988

Anderson, J.R.; Bower, G.H.: Human associative memory, Winston, Washington, 1973

Anderson, N.H.: Likableness ratings of 555 personality trait words, Journal of Personality and Social Psychology 9 (1968) 272-279

Anzai, Y.; Yokoyama, T.: Internal models in physics problem solving, Cognition and Instruction, 1 (1984) 397-450

Arminger, G.: Faktorenanalyse Statistik für Soziologen Bd. 3, Teubner Studienskripte, Stuttgart, 1979

Arnheim, R.: Anschauliches Denken, Du Mont, Köln, 1972

Baddeley, A.D.: Die Psychologie des Gedächtnisses, Klett-Cotta, Stuttgart, 1979

Barke, H.D.: Schülerversuche mit Strukturmodellen, Der Chemieunterricht 13 (1982) 4-26

Baschek, I.-L. et al.: Bestimmung der Bildhaftigkeit, Konkretkeit und der Bedeutungshaltigkeit von 800 Substantiven, Zeitschrift für experimentelle und angewandte Psychologie, 24 (1977) 353-396

Becker, H.-J. et al.: Repetitorium Fachdidaktik Chemie, Klinkhardt, Bad Heilbrunn, 1981

Borg, I. et al.: Ein empirischer Vergleich von fünf Standard-Verfahren zur eindimensionalen Skalierung, Archiv Psychologie, 142 (1990) 25-33

Born, M.: Symbol und Wirklichkeit, physikalische Blätter 20 (1964) 554

Bromme, R.: Prototypikalität bei exakt definierten Begriffen: Das Beispiel der geraden und ungeraden Zahlen, Sprache & Kognition 9 (1990) 155-167

Brook, A. et al.: Secondary students' ideas about particles, Centre for Studies in Science and Mathematics Education The University Leeds, Leeds, 1983

Bruner, J.S. et al.: Studien zur kognitiven Entwicklung, Klett, Stuttgart, 1971

Buck, P.: How real are atoms really? Wie wirklich sind "Teilchen" eigentlich?, chimica didactica 5 (1979) 181-194

Buck, P.: Eine Unterrichtseinheit über die Natur der Atome, chimica didactica 7 (1981) 5-25

Buck, P.: Der Sprung zu den Atomen, physica didactica 14 (1987) 41-45

Buck, P.: "Abstrakte Begriffe" und "synoptische Begriffe" - erläutert an Beispielen aus dem Chemieunterricht, Vortrag im Rahmen des naturwissenschaftsdidaktischen Kolloquiums der UGH-Siegen, 1991

Carter, C.S. et al.: A study of two measures of spatial ability as predictors of success in different levels of general chemistry, Journal of Research in Science Teaching 24 (1987) 645-657

Chase, W. G.; Clark, H.H.: Mental Operations in comparison of sentences and pictures In: Gregg, L. (Ed.): Cognition in learning and memory, Wiley, New York, 1972

Chi, M.T. et al.: Categorization and representation of physics problems by experts and novices, Cognitive Science 5 (1981) 121-152

Chi, M.T. et al.: Expertise in problem solving In: Sternberg, R.J.: Advances in the Psychology of Human Intelligence Vol.1, Erlbaum, Hillsdale, 1982

Christen, H.R.: Chemieunterricht - Eine praxisorientierte Didaktik, Birkhäuser, Basel-Boston-Berlin, 1990

Clauß.; Ebner: Statistik für Soziologen, Pädagogen, Psychologen und Mediziner Bd.1, 5. Aufl., Thun, Frankfurt/Main, 1985

Cohen, I.; Ben-Zvi, R.: Improving student achievement in the topic of chemical energy by implementing new learning materials and strategies, International Journal of Science Education 14 (1992) 147-156

Cooper, L.A.; Shepard, R.N.: Transformations on representations of objects in space In: Carterette, E.C.; Friedman M. (Eds.): Handbook of perception Vol.8, Academic Press, New York, 1978

Denis, M.: Images and semantic representations In: Le Ny, J.F.; Kintsch, W. (Hrsg.): Language and comprehension, North-Holland, Amsterdam, 1982

Diels, H.: Die Fragmente der Vorsokratiker Band II, 6. Auflage, Weidmann, Berlin, 1972

Duit, R.; Jung, W.; Pfundt, H.: Vorwort der Herausgeber In: Duit, R.; Jung, W.; Pfundt, H. (Hrsg.): Alltagsvorstellungen und naturwissenschaftlicher Unterricht, Aulis, Köln, 1981

Duit, R.: Von Alltagsvorstellungen zu den naturwissenschaftlichen - neue Ansätze für den naturwissenschaftlichen Unterricht, Vortrag im Rahmen des naturwissenschaftsdidaktischen Kolloquiums der UGH- Essen, 1992

Einsiedler, W.: Modelle als Medien - kognitive Repräsentation durch Modelle?, Unterrichtswissenschaft 17 (1989) 270-286

Elmes, D.G.; Thompson, J.B.: Magnitude estimation of imagery, Bulletin of the Psychonomic Society 8 (1976) 343-344

Engelkamp, J.; Pechmann, T.: Kritische Anmerkungen zum Begriff der mentalen Repräsentation, Sprache und Kognition 7 (1988) 2-11

Engelkamp, J.; Zimmer, H.D.: Memory for action events: A new field of research, Psychological Research 51 (1989) 153-157

Flechsig, E.: Wie sieht ein Atom aus? chimica didactica 1 (1975a) 1-5

Flechsig, E.: Entwurf einer Unterrichtseinheit zur Einführung des Modellbegriffes im Chemieunterricht (7.-9. Schuljahr), chimica didactica 1 (1975b) 67-74

Freese, H.L.: Erscheinung und Wirklichkeit In: Freese, H.L. (Hrsg.) Gedankenreisen, Rowohlt, Hamburg, 1990

Gabel, D.L.; Samuel, K.V.: Understanding the particulate nature of matter, Journal of Chemical Education 64 (1987) 695-697

Gentner, D.; Gentner, D.R.: Flowing waters or teeming crowds: Mental models of electricity In: Gentner, D.; Stevens, A.L. (Hrsg.): Mental models, Lawrence Erlbaum, Hillsdale, 1983

Günther, U.; Groeben, N.: Abstraktheitssuffix-Verfahren: Vorschlag einer objektiven ökonomischen Messung der Abstraktheit/Konkretheit von Texten, Zeitschrift für experimentelle und angewandte Psychologie 25 (1978) 55-74

Hager, W.: Methodische und empirische Analysen zur "Interaktion" von semantischen Eigenschaften mit der Lernart und der Verarbeitungstiefe, Zeitschrift für experimentelle und angewandte Psychologie 32 (1985) 217-249

Hager, W. et al.: Emotionsgehalt, Bildhaftigkeit, Konkretheit und Bedeutungshaltigkeit von 580 Adjektiven: Ein Beitrag zur Normierung und zur Prüfung einiger Zusammenhangshypothesen, Archiv Psychologie, 137 (1985) 75-97

Haupt, P.: Atome - mit Rucksack, Hut und Wanderstock Über die Veranschaulichung mit Modellen, NiU-Ch 1 (1990) 156-160

Heege, R.: Sprachliche Randbedingungen in der Physikdidaktik, physica didactica 4 (1977) 79-83

Heege, R.: Vorstellung, Reflexion, Intuition und die Genese physikalischer Begriffe In: Duit, R.; Jung, W.; Pfund, H. (Hrsg.): Alltagsvorstellungen und naturwissenschaftlicher Unterricht, Aulis, Köln, 1981

Herrmann, T.: Mentale Repräsentation - ein erläuterungswürdiger Begriff, Sprache & Kognition 7 (1988) 162-176

Hinder, H.: Visuelles Vorstellen beim Textlernen, Peter Lang, Bern-Frankfurt-New York, 1983

Howe, A.C.; Vasu, E.S.: The role of language in childrens formation and retention of mental images, Journal of Research in Science Teaching 26 (1988) 15-24

Ingham, A.M. et al.: The use of analogue models by students of chemistry at higher education level, International Journal of Science Education 13 (1991) 193-202

Issing, L.J.; Hannemann J. (Hrsg.): Lernen mit Bildern, Sulzberg, Allgäu, 1983

Janiuk, R.M.: The significance of the knowledge of the particulate structur of matter for atomic theory learning, Paper presented at Eleventh International Conference on Chemical Education, York England, 1991

Janßen-Holldiek, I.: Bilder und Vorstellungsbilder im Fremdsprachenunterricht, Unterrichtswissenschaft 12 (1984) 48-67

Johnson-Laird, P.N.: Mental models, University Press, Cambridge, 1983

Jüngst, K.L.: Prototypen im Zusammenhang des Lehrens und Lernens von Begriffen In: Kötter, L.; Mandel, H. (Hrsg.): Jahrbuch für empirische Erziehungswissenschaft, 1983

Jung, W.: Zum Problem der "Schülervorstellungen" Teil 1, physica didactica 5 (1978) 125-146

Jung, W.: Lebensweltliche und wissenschaftliche Vorstellungen In: R. Duit; W. Jung; H. Pfund (Hrsg.): Alltagsvorstellungen und naturwissenschaftlicher Unterricht, Aulis, Köln, 1981

Kant, I.: Kritik der reinen Vernunft, 2.Aufl., 1787 In: Königlich Preußische Akademie der Wissenschaften Kant's Werke Bande III, Reimer, Berlin, 1911

Kieras, D.: Beyond pictures and words: Alternative information-processing models for imagery effects in verbal memory, Psychological Bulletin 85 (1978) 532-554

Kircher, E.: "Zum Modellbegriff und seiner Bedeutung für den naturwissenschaftlichen Unterricht" In: Weninger, J.; Brünger, H. (Hrsg.) Atommodelle im Naturwissenschaftlichen Unterricht, Bericht über eine IPN-Arbeitstagung Bd.1, Kiel, 1976

Kircher, E.: Vorstellungen über Atome, NiU-P/C 34 (1986) 34-37

Klaetsch, H.; Schmidkunz, H.: Die Beurteilung des Faches Chemie durch Schüler unterschiedlicher Neigungsgruppen - eine empirische Fallstudie, Vortrag im Rahmen der Vortragstagung der Gesellschaft Deutscher Chemiker - Fachgruppe Chemieunterricht Dortmund, 1992

Kleinman, R.W et al.: Images in chemistry, Journal of Chemical Education 64 (1987) 766-770

Klieme, E.; Rüppell, H.: Die Bedeutung und Förderung des bildlichen Denkens im Unterricht In: Kötter, L.; Mandl, H. (Hrsg.): Jahrbuch für empirische Erziehungswissenschaft, 1983

Koch, I.: Über die Funktion von Experimenten im Chemieunterricht, Westarp Wissenschaften, Essen, 1992

Körner, H.D.: Eine empirische Untersuchung zum Vergessen im Chemieunterricht, Schriftliche Hausarbeit im Rahmen der Ersten Staatsprüfung für das Lehramt für die Sekundarstufen I und II, Essen, 1988

Kosslyn, S.M.: Information representation in visual images, Cognitve Psychology 7 (1975) 341-370

Kosslyn, S.M. et al.: Visual images preserve metric spatial information: Evidence from studies of image scanning, Journal of experimental Psychology: Human Perception and Performance 4 (1978) 47-60

Kosslyn, S.M.: Image and Mind, Harvard University Press, Cambridge, 1980

Kosslyn, S.M.; Pomerantz, J.: Imagery, Propositons, and the Form of Internal Representations, Cognitive Psychology 9 (1977) 52-76

Krampen, G. et al.: Semantische Merkmale vier vielverwendeter politischer Begriffe in fünf Nationalitätsstichproben, Zeitschrift für experimentelle und angewandte Psychologie 37 (1990) 459-485

Larkin, J.H.: The role of problem representation in physics In: Gentner, D.; Stevens, A.L. (Hrsg.): Mental models, Lawrence Erlbaum, Hillsdale, 1983

Le Ny, J.F.: Wie kann man mentale Repräsentationen repräsentieren?, Sprache & Kognition 7 (1988) 113-121

Lichtenberg, G.C.: Wenn es auch Gegenstände außer uns gibt ... In: Freese, H.L. (Hrsg.): Gedankenreisen, Rowohlt, Hamburg, 1990

Lichtfeld, M.: Schülervorstellungen in der Quantenphysik und ihre möglichen Veränderungen durch Unterricht, Westarp Wissenschaften, Essen, 1991

Maichle, U.: Beiträge der kognitiven Psychologie zur Analyse von Vorstellungen In: Duit, R.; Jung, W.; Pfund, H. (Hrsg.): Alltagsvorstellungen und naturwissenschaftlicher Unterricht, Aulis, Köln, 1981

Mattenklott, A.; Reifenberger, H.P.: Anschaulichkeit und Diagnostizität von Informationen in ihrer Verfügbarkeit für die Urteilsbildung, Zeitschrift für experimentelle und angewandte Psychologie 37 (1990) 69-84

Mecklenbräuker, S.: Erinnerungen erinnern: Zum Einfluß der Bildhaftigkeit, Zeitschrift für experimentelle und angewandte Psychologie 31 (1984) 124-138

Metzger, W.: Die Gesetze des Sehens, Kramer, Frankfurt/Main, 1975

Metzler, J.; Shepard, R.N.: Transformational Studies of the Internal Representations of Tree Dimensional Objects In: Solso, R.L. (Hrsg.): Theories of Cognitive Psychology: The Loyola Symposium, Erlbaum, Hillsdale, 1974

Möller, H.; Hager, W.: Angenehmheit (p), Bedeutungshaltigkeit (m'), Bildhaftigkeit (I) und Konkretheit (C) von 452 Adjektiven: Ein Beitrag zur Normierung, Sprache & Kognition 10 1991 39-51

Morris, P.E.; Reid, R.L.: Canadian and British ratings of the imagery values of words British, Journal of Psychology 63 (1972) 163-164

Morton, J.: Interaction of information in word recognition, Psychological Review 76 (1969) 1-14

Moyer, R.S.: Comparing objects in memory: Evidence suggesting and internal psychophysics, Perception and Psychophysics 13 (1973) 180-184

Neisser, U.; Kerr, N.: Spatial and mnemonic properties of visual images, Cognitive Psychology 5 (1973) 138-150

Newell A.; Simon, H.A.: Human problem solving, Prentice Hall, Englewood Cliffs N.J., 1972

Noble, C.E.: An analysis of meaning, Psychological Review 59 (1952) 421-430

Novick S.; Nussbaum, J.: Pupils understanding of the particulate nature of matter: A cross-age study, Science Education 65 (1981) 187-196

Offe, H. et al.: Normen für die Konkretheits- und Vorstellbarkeitseinschätzung von 234 Substantiven, Psychologische Beiträge 23 (1981) 65-85

Paivio, A. et al.: Concreteness, imagery and meaningfulness for 925 nouns, Journal of Experimental Psychology, Monograph Supplement 76 (1968)

Paivio, A.: Imagery and verbal processes, Holt, Rinehart & Winston, New York, 1971

Paivio, A.: Visuelles Vorstellen und verbale symbolische Prozesse In: Steiner, G. (Hrsg): Psychologie des Zwanzigsten Jahrhunderts - Entwicklungspsychologie Bd.2., Beltz, Weinheim-Basel, 1984

Pallrand, G.J.; Seeber, F.: Spatial ability and achievement in introductory physics, Journal of Research in Science Teaching 21 (1984) 507-516

Piaget, J.: Das Erwachen der Intelligenz beim Kinde, Klett, Stuttgart, 1969

Piaget, J.: Der Aufbau der Wirklichkeit beim Kinde, Klett, Stuttgart, 1974

Pick, E.: Schüler beschreiben Aggregatzustände - Ein Vergleich von Berufsschülern aus dem Friseurhandwerk mit Hauptschülern und Gymnasiasten, Schriftliche Examensarbeit im Rahmen der Ersten Staatsprüfung für das Lehramt für die Sekundarstufe II, Essen, 1991

Popper, K.R.: Objektive Erkenntnis, 2.Auflage, Hoffmann Campe, Hamburg, 1974

Pribyl, J.R.; Bodner, G.M.: Spatial ability and its role in organic chemistry: A study of four organic courses, Journal of Research in Science Teaching 24 (1987) 229-240

Pylyshyn, Z.W.: What the mind's eye tells the mind's brain: A critique of mental imagery, Psychological Bulletin 80 (1973) 1-24

Rumpf, H.: Erlebnis und Begriff, Zeitschrift für Pädagogik 37 (1991) 329-346

Schäfer, G. et al.: Denken in Modellen: Resümee In: Schäfer, G.; Trommer, G.; Wenk, K. (Hrg.): Leitthemen 2 - Beiträge zur Didaktik der Naturwissenschaften - Denken in Modellen, Westermann, Braunschweig, 1977

Schiermann, J.U.: Die Repräsentation anschaulicher Information, Peter Lang, Frankfurt-Bern-New York, 1987

Schmidkunz, H.: Die Gestaltung chemischer Demonstrationsexperimente nach wahrnehmungspsychologischen Erkenntnissen, NiU P/C 10 (1983) 360-367

Schmidkunz, H.: Zur Wirkungsweise gestaltpsychologischer Faktoren beim Aufbau und bei der Durchführung chemischer Demonstrationsexperimente In: Wiebel, K.H. (Hrsg.): Zur Didaktik der Physik und Chemie, Leuchtturm, Alsbach, 1992

Schwarz, N. et al.: Kognitionspsychologie und Umfrageforschung: Themen und Befunde eines interdisziplinären Forschungsgebietes, Psychologische Rundschau 42 (1991) 175-186

Schwibbe, M. et al.: Zum emotionalen Gehalt von Substantiven, Adjektiven und Verben, Zeitschrift für experimentelle und angewandte Psychologie 28 (1981) 486-501

Seel, N.M.: Wissenserwerb durch Medien und "mentale Modelle", Unterrichtswissenschaft 14 (1986) 384-401

Shapiro, S.S.; Wilk, M.B.: An analysis of variance test for normality (complete samples), Biometrica 52 (1965) 591-611

Stachelscheid, K.: Problemlösender Chemieunterricht in der Sekundarstufe I, Westarp Wissenschaften, Essen, 1990

Steiner, G.: Visuelle Vorstellungen beim Lösen von elementaren Problemen, Klett-Cotta, Stuttgart, 1980

Steiner, G.: Visuelles Vorstellen - das Ordnen ... wovon eigentlich? In: Montada, L.; Reusser, K.; Steiner G. (Hrsg.): Kognition und Handeln, Klett-Cotta, Stuttgart, 1983

Sumfleth, E.: Über den Zusammenhang zwischen Schulleistung und Gedächtnisstruktur - Eine Untersuchung zu Säure-Base-Theorien, NiU-PC 21 (1987) 29-35

Sumfleth, E.: Lehr- und Lernprozesse im Chemieunterricht, Peter Lang, Bern-Frankfurt-New York, 1988

Sumfleth, E.; Körner, H.D.: Mentale Repräsentationen - Ein lernpsychologisches Konstrukt mit Bedeutung für die Chemiedidaktik?, MNU 44 (1991) 458-463

Sumfleth, E.; Körner, H.D.: Bildhaftigkeit und Abstraktheit chemischer Begriffe aus Sicht der Lernenden In: Wiebel, K.H. (Hrsg.): Zur Didaktik der Physik und Chemie, Leuchtturm, Alsbach, 1992

Tergan, S.O.: Psychologische Grundlagen der Erfassung individueller Wissensrepräsentation Teil 1: Grundlagen der Wissensmodellierung, Sprache und Kognition 8 (1989) 152-165

Tergan, S.O.: Psychologische Grundlagen der Erfassung individueller Wissensrepräsentation Teil II: Methodologische Aspekte, Sprache und Kognition 8 (1989) 193-202

Thiel, T.; von Eye, A.: Zum Einfluß von Bildhaftigkeit und Verarbeitungstiefe auf das Behalten von Texten, Zeitschrift für experimentelle und angewandte Psychologie 33 (1986) 500-518

van Buer: Lehrerbild des Schülers - Schülerbild des Lehrers - Probleme bei der Rekonstruktion kognitiver Strukturen, Vortrag im Rahmen des naturwissenschaftsdidaktischen Kolloqiums der UGH-Siegen, 1991

Vasu, E.S.; Howe, A.C.: The effect of visual and verbal modes of presentation on childrens retention of images and words, Journal of Research in Science Teaching 26 (1989) 401-407

Vollmer, G.: Sprache und Begriffsbildung im Chemieunterricht, Diesterweg-Sauerländer, Frankfurt/Main, 1980

von Eye, A.: Zur Lokalisation des Bildhaftigkeitseffekts beim Lernen verbalen Materials, Zeitschrift für experimentelle und angewandte Psychologie 36 (1989) 368-385

von Eye, A.; Krampen, G.: Zum Lernen verbalen Materials unterschiedlicher semantischer Eigenschaften, Zeitschrift für experimentelle und angewandte Psychologie 28 (1981) 527-540

von Eye, A.; Krampen, G.: Zur Interaktion semantischer Eigenschaften beim Lernen verbalen Materials, Zeitschrift für experimentelle und angewandte Psychologie 30 (1983) 202-214 von Eye, D. et al.: Zur Bedeutung der kognitiven Komplexität für die Einschätzung von semantischen Eigenschaften von Substantiven, Zeitschrift für experimentelle und angewandte Psychologie 27 (1980) 534-552

Vossen, H.: Kompendium Didaktik - Chemie, Ehrenwirth, München, 1979

Weidenmann, B.: Psychische Prozesse beim Verstehen von Bildern, Huber, Bern, 1988

Weidenmann, B.: Wissenserwerb in Bildern - Forschung für eine visuelle Lernkultur, Unterrichtswissenschaft 18 (1990) 62-65

Werth, S.: Mensch-Chemie-Natur Grundlegende Einstellungen von Lernenden und ihre Bedeutung, Westarp Wissenschaften, Essen, 1991

Westermann, R.: Zur empirischen Überprüfung des Skalenniveaus von individuellen Einschätzungen und Ratings, Zeitschrift für Psychologie 192 (1984) 122-133

Westermann, R.; Hager, W.: Eine empirische Untersuchung zum Skalenniveau von Normwerten für die Bildhaftigkeit von Substantiven, Psychologische Beiträge 25 (1983) 112-125

Westermann, R.; Hager, W.: Zur subjektiven Repräsentation und direkten Erfaßbarkeit der Verständlichkeit, des Informationsgehalts und der Bildhaftigkeit von Informationsmaterial, Zeitschrift für experimentelle und angewandte Psychologie 31 (1984) 328-350

Willows, D.M.; Houghton, H.A. (Hrsg.): The psychology of illustration Vol.1 Basic Research, Springer, New York, 1987

Willows, D.M.; Houghton, H.A. (Hrsg.): The psychology of illustration Vol.2 Instructional Issues, Springer, New York, 1987

Wippich, W.: Selektives Erinnern bei konkreten und abstrakten Informationen, Zeitschrift für experimentelle und angewandte Psychologie 26 (1979) 687-699

Wippich, W.: Lehrbuch der angewandten Gedächtnispsychologie Bde. 1 u. 2, Kohlhammer, Stuttgart, 1984

Wippich, W.; Bredenkamp, J.: Bestimmung der Bildhaftigkeit (I), Konkretheit (C), und der Bedeutungshaltigkeit (m') von 498 Verben und 400 Adjektiven, Zeitschrift für experimentelle und angewandte Psychologie 24 (1977) 671-680

Wippich, W.; Bredenkamp, J.: Bildhaftigkeit und Lernen, Steinkopff, Darmstadt, 1979

Wiseman, G.; Neisser, U.: Perceptual organization as a determinant of visual recognition memory, American Journal of Psychology 87 (1974) 675-681

Wygotzki, L.S.: Denken und Sprechen, Suhrkamp, Frankfurt, 1969

Zimmer, H.D.: Argumente für ein motorisches Gedächtnissystem In: Engelkamp, J.; Lorenz, K.; Sandig, B. (Hrsg.): Wissensrepräsentation und Wissensaustausch, Röhrig, St.Ingbert, 1987

8 Anhang

I Beispiel für einen Erhebungsbogen der ersten Untersuchung

Bildhaftigkeit

	keine bildhafte Vorstellung						prägnante bildhafte Vorstellung
	1	2	3	4	5	6	7
Sauerstoff	( )	( )	( )	( )	( )	( )	( )
Struktur	( )	( )	( )	( )	( )	( )	( )
Energie	( )	( )	( )	( )	( )	( )	( )
Nichtmetall	( )	( )	( )	( )	( )	( )	( )
Salz	( )	( )	( )	( )	( )	( )	( )
Indikator	( )	( )	( )	( )	( )	( )	( )
Reaktion	( )	( )	( )	( )	( )	( )	( )
Cadmium	( )	( )	( )	( )	( )	( )	( )
Base	( )	( )	( )	( )	( )	( )	( )
NAS	( )	( )	( )	( )	( )	( )	( )
Elektrolyse	( )	( )	( )	( )	( )	( )	( )
Gleichgewicht	( )	( )	( )	( )	( )	( )	( )
Strukturformel	( )	( )	( )	( )	( )	( )	( )
Bindung	( )	( )	( )	( )	( )	( )	( )
Metall	( )	( )	( )	( )	( )	( )	( )
Orbital	( )	( )	( )	( )	( )	( )	( )
Experiment	( )	( )	( )	( )	( )	( )	( )
Polarität	( )	( )	( )	( )	( )	( )	( )
Ammoniak	( )	( )	( )	( )	( )	( )	( )
Redoxreaktion	( )	( )	( )	( )	( )	( )	( )
Ionengitter	( )	( )	( )	( )	( )	( )	( )
Titration	( )	( )	( )	( )	( )	( )	( )
Atom	( )	( )	( )	( )	( )	( )	( )
Periodensystem	( )	( )	( )	( )	( )	( )	( )
Verbindung	( )	( )	( )	( )	( )	( )	( )
Säure	( )	( )	( )	( )	( )	( )	( )
Mol	( )	( )	( )	( )	( )	( )	( )
Verbrennung	( )	( )	( )	( )	( )	( )	( )
Brom	( )	( )	( )	( )	( )	( )	( )
Reaktionsgl.	( )	( )	( )	( )	( )	( )	( )
Kupfer	( )	( )	( )	( )	( )	( )	( )
Neutralisation	( )	( )	( )	( )	( )	( )	( )

II Mittelwerte und Standardabweichungen der Einschätzungen

Begriff	Konkretheit		Bildhaftigkeit		Bedeutungshaltigkeit		Verständlichkeit	
	m	s	m	s	m	s	m	s
Schüler								
Sauerstoff	5.4	1.82	4.5	2.37	6.5	1.13	6.4	1.19
Struktur	4.9	1.81	5.1	1.81	5.5	1.57	5.5	1.47
Energie	4.2	2.16	3.8	2.29	6.0	1.27	5.5	1.53
Nichtmetall	5.6	1.65	5.2	1.93	5.1	1.77	6.0	1.30
Salz	6.0	1.50	6.4	1.05	5.5	1.69	6.1	1.28
Indikator	4.2	1.96	4.2	2.18	4.5	1.89	4.5	2.15
Reaktion	5.1	1.76	5.1	1.83	6.0	1.34	6.0	1.28
Cadmium	2.9	2.15	2.4	1.76	3.5	1.79	2.9	1.80
Base	3.7	1.86	3.1	1.83	4.4	1.84	3.7	1.90
NAS	2.0	1.76	1.5	1.27	2.2	1.57	1.7	1.48
Elektrolyse	4.1	2.08	3.8	2.30	4.7	1.77	4.1	1.96
Gleichgewicht	5.5	1.81	5.1	1.94	5.1	1.86	5.6	1.78
Strukturformel	5.1	2.00	5.3	1.98	5.4	1.68	5.1	1.97
Bindung	4.9	1.86	4.8	1.89	5,6	1.58	5.3	1.58
Metall	6.0	1.55	6.4	0.87	5.7	1.61	6.4	1.05
Orbital	1.7	1.45	1.6	1.25	2.8	2.09	1.8	1.40
Experiment	5.9	1.55	6.2	1.21	6.0	1.47	6.2	1.14
Polarität	3.8	2.07	3.4	2.26	4.8	1.86	4.0	2.13
Ammoniak	3.9	2.15	3.9	2.07	3.9	1.79	3.8	1.75
Redoxreaktion	3.9	2.14	3.6	2.24	4.6	1.94	4.2	2.28
Ionengitter	4.1	2.08	4.6	2.23	5.0	2.02	4.3	2.07
Titration	1.9	1.60	1.9	1.58	2.6	1.74	1.9	1.63
Atom	5.3	2.05	5.4	1.87	6.3	1.27	5.6	1.57
PSE	5.4	1.70	6.0	1.42	5.8	1.68	5.4	1.73
Verbindung	5.1	1.79	5.1	1.59	5.8	1.57	5.8	1.35
Säure	5.4	1.54	5.4	1.61	5.4	1.56	5.5	1.48
Mol	2.7	1.94	2.5	1.89	4.6	2.03	3.3	1.88
Verbrennung	5.6	1.59	6.1	1.13	5.6	1.45	5.9	1.15
Brom	3.6	2.11	3.5	2.05	3.7	1.87	3.3	1.85
Reaktionsgleichung	5.2	1.80	5.2	1.83	5.4	1.76	5.1	1.61
Kupfer	5.6	1.67	5.9	1.48	4.6	1.64	5.3	1.58
Neutralisation	4.2	2.08	3.9	2.14	4.7	2.10	4.3	2.16
Chemiestudenten								
Sauerstoff	5.7	1.67	4.7	1.98	6.0	1.45	6.1	1.33
Struktur	4.9	1.92	5.6	1.55	5.9	1.22	5.6	1.41
Energie	3.7	2.02	3.4	2.09	6.1	1.24	4.8	1.68
Nichtmetall	5.2	1.67	4.8	2.89	5.2	1.47	5.7	1.40
Salz	5.8	1.31	5.9	1.40	5.5	1.39	6.0	1.23
Indikator	5.4	1.44	5.3	1.75	5.3	1.43	5.5	1.49
Reaktion	5.6	1.51	5.4	1.57	6.4	1.04	6.0	1.15
Cadmium	4.9	2.12	4.0	2.19	3.8	1.83	4.9	1.93
Base	5.3	1.57	4.4	1.85	5.3	1.49	5.4	1.51
NAS	3.9	2.14	3.1	2.14	3.3	1.76	3.4	1.94
Elektrolyse	5.1	1.62	4.9	1.66	5.5	1.24	5.3	1.35
Gleichgewicht	5.2	1.62	5.4	1.68	6.2	1.09	5.7	1.42
Strukturformel	5.5	1.71	6.0	1.43	6.0	1.22	5.8	1.37
Bindung	5.0	1.67	5.1	1.64	6.1	1.09	5.5	1.45
Metall	5.8	1.42	5.9	1.57	5.5	1.39	5.9	1.46
Orbital	3.6	2.02	4.0	2.13	5.0	1.76	3.9	2.05
Experiment	6.0	1.42	6.2	1.25	6.1	1.30	6.0	1.31
Polarität	4.3	1.84	4.5	1.86	5.2	1.52	4.8	1.76
Ammoniak	5.4	1.66	4.8	1.87	4.5	1.54	5.5	1.59
Redoxreaktion	4.7	1.79	4.3	1.84	5.6	1.28	5.0	1.67
Ionengitter	4.6	1.99	4.9	1.92	5.1	1.55	5.0	1.77
Titration	5.2	1.76	5.1	1.92	5.0	1.53	5.2	1.71
Atom	5.2	2.05	5.6	1.98	6.1	1.29	5.8	1.68
PSE	5.7	1.82	6.2	1.53	6.2	1.22	5.9	1.49
Verbindung	5.5	1.41	5.3	1.65	6.0	1.19	5.7	1.35
Säure	5.5	1.54	5.2	1.73	5.4	1.47	5.7	1.49
Mol	4.0	1.95	3.7	2.05	5.2	1.68	4.9	1.79
Verbrennung	5.6	1.44	5.8	1.40	5.2	1.49	5.8	1.38
Brom	5.3	1.72	4.6	2.09	4.0	1.67	5.3	1.73
Reaktionsgleichung	5.1	1.77	5.5	1.59	6.0	1.30	5.8	1.18
Kupfer	5.7	1.57	5.5	1.76	4.4	1.63	5.4	1.69
Neutralisation	5.1	1.56	4.8	1.86	5.4	1.34	5.6	1.53

Begriff	Konkretheit		Bildhaftigkeit		Bedeutungshaltigkeit		Verständlichkeit	
	m	s	m	s	m	s	m	s
Anglistikstudenten								
Sauerstoff	4.6	1.97	3.7	1.98	6.4	1.22	6.2	1.18
Struktur	4.8	1.93	4.9	1.73	5.8	1.33	5.6	1.51
Energie	3.8	2.02	3.3	1.20	6.2	1.33	5.4	1.58
Nichtmetall	4.8	1.92	4.8	1.92	4.8	1.52	5.6	1.47
Salz	5.9	1.62	6.3	1.21	5.2	1.54	6.2	1.37
Indikator	4.6	1.77	4.1	2.05	4.8	1.37	5.0	1.86
Reaktion	4.8	1.75	4.6	1.90	6.1	1.25	5.9	1.49
Cadmium	4.8	2.09	3.1	1.98	3.9	1.83	4.1	1.98
Base	3.9	1.92	2.9	1.80	4.6	1.60	4.4	1.92
NAS	3.2	2.26	1.8	1.41	3.1	1.92	2.2	1.69
Elektrolyse	4.1	1.80	3.4	2.02	4.6	1.58	4.0	1.76
Gleichgewicht	4.5	2.06	4.7	2.12	5.1	1.75	5.7	1.67
Strukturformel	4.7	2.03	4.9	2.06	5.3	1.75	5.0	1.91
Bindung	4.3	1.87	4.3	1.90	5.4	1.39	5.4	1.56
Metall	6.1	1.47	6.4	1.11	5.4	1.56	6.0	1.42
Orbital	2.8	1.89	2.4	1.95	5.3	1.89	2.6	1.95
Experiment	5.6	1.68	6.0	1.45	5.8	1.73	6.3	1.27
Polarität	4.2	1.75	4.2	1.94	4.6	1.67	4.9	1.81
Ammoniak	4.7	2.14	3.6	2.13	4.1	1.57	4.2	2.05
Redoxreaktion	3.6	1.94	2.7	1.90	4.4	1.91	3.7	2.08
Ionengitter	3.5	1.97	3.6	2.33	4.4	1.93	3.6	1.82
Titration	2.8	2.07	2.2	2.00	3.4	1.92	2.4	2.00
Atom	4.4	2.12	4.6	1.94	6.0	1.46	5.4	1.73
PSE	5.2	2.13	5.7	1.89	5.4	1.85	5.4	1.84
Verbindung	4.7	1.73	4.6	1.70	5.6	1.33	5.5	1.50
Säure	5.1	1.58	4.5	1.80	5.3	1.35	5.4	1.70
Mol	2.7	1.77	1.9	1.45	4.2	1.74	3.4	2.00
Verbrennung	5.4	1.55	5.8	1.51	5.2	1.58	5.0	1.52
Brom	4.1	2.15	3.1	1.99	3.6	1.72	4.0	2.03
Reaktionsgleichung	4.9	2.09	5.4	1.72	5.4	1.58	5.5	1.61
Kupfer	5.6	1.85	5.9	1.70	4.5	1.73	5.4	1.74
Neutralisation	3.8	1.83	3.2	1.82	4.8	1.48	4.8	1.92

III

W-Test zur Überprüfung der Normalverteilung nach SHAPIRO & WILK, getrennt nach den Begriffseigenschaften und den Probandengruppen n=32:

	K	B	M	V
Chemiestudenten	0.899	0.956	0.898	0.855
Schüler	0.906	0.940	0.923	0.904
Anglistikstudenten	0.964	0.964	0.968	0.904

Cochran-Test zur Überprüfung der Varianzhomogenität unter den Probandengruppen k=3 / n=32:

unabh. Variable Konkretheit	c = 0.556
unabh. Variable Bildhaftigkeit	c = 0.464
unabh. Variable Bedeutungshaltigkeit	c = 0.472
unabh. Variable Verständlichkeit	c = 0.531

Cochran-Test zur Überprüfung der Varianzhomogenität unter den Begriffseigenschaften k=4 / n=32:

unabh. Variable Chemiestudenten	c = 0.326
unabh. Variable Schüler	c = 0.341
unabh. Variable Anglistikstudenten	c = 0.380

IV Varianzanalyse zur Gruppendifferenzierung anhand der Individualdaten
df Gruppen = 2, df Fehler = 279

Variable	Konkretheit		Bildhaftigkeit		Bedeutungshaltigkeit		Verständlichkeit	
	F	p	F	p	F	p	F	p
Sauerstoff	8.09	<0.01	5.53	<0.01	3.79	0.02	1.13	0.32
Struktur	0.04	0.96	5.12	0.01	2.23	0.10	0.20	0.82
Energie	1.30	0.27	0.91	0.41	0.20	0.82	6.23	<0.01
Nichtmetall	3.85	0.02	1.13	0.32	1.13	0.32	1.86	0.16
Salz	0.48	0.62	4.40	0.01	1.01	0.36	0.41	0.66
Indikator	12.64	<0.01	11.14	<0.01	6.81	<0.01	7.30	<0.01
Reaktion	6.16	<0.01	4.64	0.01	2.18	0.10	0.28	0.76
Cadmium	22.43	<0.01	14.63	<0.01	1.04	0.35	23.35	<0.01
Base	26.36	<0.01	20.44	<0.01	9.18	<0.01	23.74	<0.01
NAS	18.16	<0.01	21.90	<0.01	9.05	<0.01	23.41	<0.01
Elektrolyse	10.11	<0.01	14.83	<0.01	10.05	<0.01	19.68	<0.01
Gleichgewicht	5.68	<0.01	3.12	0.05	14.51	<0.01	0.30	0.74
Strukturformel	3.98	0.02	8.14	<0.01	6.66	<0.01	6.03	<0.01
Bindung	3.42	0.03	4.60	0.01	6.06	<0.01	0.45	0.64
Metall	1.23	0.29	5.18	<0.01	0.81	<0.44	4.50	0.10
Orbital	24.97	<0.01	38.96	<0.01	32.02	<0.01	30.46	<0.01
Experiment	2.06	0.13	0.57	0.57	1.20	0.30	1.59	0.21
Polarität	1.90	0.15	7.49	<0.01	2.63	0.07	5.53	<0.01
Ammoniak	14.90	<0.01	9.28	<0.01	3.28	0.04	24.37	<0.01
Redoxreaktion	10.91	<0.01	14.86	<0.01	14.69	<0.01	10.00	<0.01
Ionengitter	7.73	<0.01	8.95	<0.01	4.09	0.02	12.38	<0.01
Titration	85.98	<0.01	87.10	<0.01	45.86	<0.01	94.24	<0.01
Atom	4.43	0.01	6.18	<0.01	1.57	0.21	1.44	0.24
PSE	1.64	0.20	1.94	0.15	7.00	<0.01	2.80	0.06
Verbindung	6.39	<0.01	4.54	0.01	2.59	0.07	0.59	0.55
Säure	1.48	0.23	6.22	<0.01	0.14	0.87	0.98	0.38
Mol	16.61	<0.01	23.46	<0.01	7.15	<0.01	22.85	<0.01
Verbrennung	0.85	0.43	1.38	0.25	2.03	0.13	1.52	0.22
Brom	19.99	<0.01	13.43	<0.01	1.76	0.17	27.04	<0.01
Reaktionsgl.	0.43	0.62	0.71	0.49	5.32	<0.01	5.76	<0.01
Kupfer	0.18	0.83	1.89	0.15	0.35	0.70	0.14	0.87
Neutralisation	14.03	<0.01	16.30	<0.01	5.95	<0.01	13.89	<0.01

V Lokationsvergleich zwischen den Gruppen nach DUNCAN

	Konkretheit			Bildhaftigkeit			Bedeutungshaltigkeit			Verständlichkeit		
	1	2	3	1	2	3	1	2	3	1	2	3
Sauerstoff	*	n.s.	*	*	n.s.	*	n.s.	*	n.s.	n.s.	n.s.	n.s.
Struktur	n.s.	n.s.	n.s.	*	*	n.s.	n.s.	n.s.	n.s.	n.s.	n.s.	n.s.
Energie	n.s.	n.s.	n.s.	n.s.	n.s.	n.s.	n.s.	n.s.	n.s.	*	*	n.s.
Nichtmetall	n.s.	n.s.	*	n.s.	n.s.	n.s.	n.s.	n.s.	n.s.	n.s.	n.s.	n.s.
Salz	n.s.	n.s.	n.s.	n.s.	*	n.s.	n.s.	n.s.	n.s.	n.s.	n.s.	n.s.
Indikator	*	*	n.s.	*	*	n.s.	n.s.	*	n.s.	n.s.	*	n.s.
Reaktion	*	n.s.	n.s.	*	n.s.	n.s.	n.s.	n.s.	n.s.	n.s.	n.s.	n.s.
Cadmium	n.s.	*	*	*	*	*	n.s.	n.s.	n.s.	*	*	*
Base	*	*	n.s.	*	*	n.s.	*	*	n.s.	*	*	*
NAS	*	*	*	*	*	n.s.	n.s.	*	*	*	*	n.s.
Elektrolyse	*	*	n.s.	*	*	n.s.	*	*	n.s.	*	*	n.s.
Gleichgewicht	*	n.s.	*	*	n.s.	n.s.	*	*	n.s.	n.s.	n.s.	n.s.
Strukturformel	*	n.s.	n.s.	*	*	n.s.	*	*	n.s.	*	*	n.s.
Bindung	*	n.s.	*	*	n.s.	n.s.	*	*	n.s.	n.s.	n.s.	n.s.
Metall	n.s.	n.s.	n.s.	*	*	n.s.	n.s.	n.s.	n.s.	n.s.	*	n.s.
Orbital	*	*	*	*	*	*	*	*	*	*	*	*
Experiment	n.s.	n.s.	n.s.	n.s.	n.s.	n.s.	n.s.	n.s.	n.s.	n.s.	n.s.	n.s.
Polarität	n.s.	n.s.	n.s.	n.s.	*	*	*	n.s.	n.s.	n.s.	*	*
Ammoniak	*	*	*	*	*	n.s.	n.s.	*	n.s.	*	*	n.s.
Redoxreaktion	*	*	n.s.	*	*	*	*	*	n.s.	*	*	n.s.
Ionengitter	*	n.s.	*	*	n.s.	*	n.s.	*	*	*	*	*
Titration	*	*	*	*	*	n.s.	*	*	*	*	*	n.s.
Atom	*	n.s.	*	*	n.s.	*	n.s.	n.s.	n.s.	n.s.	n.s.	n.s.
PSE	n.s.	n.s.	n.s.	n.s.	n.s.	n.s.	*	n.s.	n.s.	n.s.	n.s.	n.s.
Verbindung	*	n.s.	n.s.	*	n.s.	*	*	n.s.	n.s.	n.s.	n.s.	n.s.
Säure	n.s.	n.s.	n.s.	*	n.s.	*	n.s.	n.s.	n.s.	n.s.	n.s.	n.s.
Mol	*	*	n.s.	*	*	n.s.	*	*	n.s.	*	*	n.s.
Verbrennung	n.s.	n.s.	n.s.	n.s.	n.s.	n.s.	n.s.	n.s.	n.s.	n.s.	n.s.	n.s.
Brom	*	*	n.s.	*	*	n.s.	n.s.	n.s.	n.s.	*	*	*
Reaktionsgl.	n.s.	n.s.	n.s.	n.s.	n.s.	*	*	n.s.	n.s.	*	n.s.	n.s.
Kupfer	n.s.	n.s.	n.s.	n.s.	n.s.	n.s.	n.s.	n.s.	n.s.	n.s.	n.s.	n.s.
Neutralisation	*	*	n.s.	*	*	*	*	*	n.s.	*	*	n.s.

$p<0.05$ * = signifikante Unterschiede   n.s. = nicht signifikant

1 = Chemiestudenten/Anglistikstudenten
2 = Chemiestudenten/Schüler
3 = Anglistikstudenten/Schüler

VI Interkorrelationen der Begriffseigenschaften

Chemiestudenten	K-V	K-M	K-B	B-M	B-V	M-V
Sauerstoff	0.54*	0.38*	0.43*	0.33	0.41*	0.53*
Struktur	0.41*	0.09	0.25	0.21	0.36*	0.30
Energie	0.39*	0.21	0.34	0.16	0.31	0.24
Nichtmetall	0.45*	0.27	0.50*	0.26	0.56*	0.33
Salz	0.46*	0.24	0.55*	0.22	0.42*	0.20
Indikator	0.40*	0.14	0.34	0.14	0.42*	0.25
Reaktion	0.17	0.22	0.05	0.09	0.40*	0.15
Cadmium	0.72*	0.35*	0.55*	0.26	0.52*	0.47*
Base	0.56*	0.45*	0.49*	0.23	0.49*	0.47*
NAS	0.47*	0.33	0.47*	0.27	0.56*	0.31
Elektrolyse	0.53*	0.33	0.62*	0.32	0.59*	0.39*
Gleichgewicht	0.42*	0.18	0.25	0.18	0.41*	0.22
Strukturformel	0.45*	0.22	0.35*	0.25	0.31	0.33
Bindung	0.45*	0.30	0.42*	0.37*	0.21	0.44*
Metall	0.48*	0.14	0.56*	0.23	0.35*	0.26
Orbital	0.57*	0.37*	0.52*	0.42*	0.65*	0.38*
Experiment	0.44*	0.28	0.36*	0.24	0.35*	0.31
Polarität	0.62*	0.42*	0.43*	0.46*	0.54*	0.54*
Ammoniak	0.63*	0.40*	0.53*	0.38*	0.56*	0.50*
Redoxreaktion	0.50*	0.15	0.32	0.32	0.47*	0.41*
Ionengitter	0.60*	0.26	0.47*	0.26	0.61*	0.48*
Titration	0.59*	0.36*	0.55*	0.34	0.59*	0.43*
Atom	0.59*	0.43*	0.52*	0.44*	0.63*	0.38*
PSE	0.60*	0.25	0.37*	0.36*	0.52*	0.42*
Verbindung	0.43*	0.13	0.35*	0.27	0.43*	0.21
Säure	0.65*	0.40*	0.51*	0.30	0.57*	0.48*
Mol	0.51*	0.33	0.61*	0.29	0.54*	0.43*
Verbrennung	0.45*	0.36*	0.48*	0.25	0.45*	0.47*
Brom	0.55*	0.37*	0.45*	0.48*	0.58*	0.40*
Reaktionsgl.	0.31	0.31	0.38*	0.44*	0.35*	0.36*
Kupfer	0.69*	0.36*	0.49*	0.38*	0.52*	0.48*
Neutralisation	0.52*	0.35*	0.42*	0.40*	0.57*	0.56*
Schüler						
Sauerstoff	0.47*	0.16	0.29	0.05	0.28	0.06
Struktur	0.35	0.11	0.41	0.29	0.45*	0.29
Energie	0.55*	0.26	0.42	0.15	0.35	0.26
Nichtmetall	0.45*	0.22	0.55*	0.38	0.42	0.41
Salz	0.69*	0.28	0.50*	0.20	0.52*	0.42
Indikator	0.58*	0.61*	0.65*	0.40	0.59*	0.46*
Reaktion	0.45*	0.21	0.40	0.31	0.46*	0.02
Cadmium	0.52*	0.23	0.47*	0.14	0.37	0.35
Base	0.64*	0.55*	0.47*	0.46*	0.46*	0.57*
NAS	0.55*	0.16	0.49*	0.42	0.80*	0.37
Elektrolyse	0.59*	0.51*	0.60*	0.44*	0.61*	0.48*
Gleichgewicht	0.57*	0.39	0.51*	0.26	0.64*	0.48*
Strukturformel	0.58*	0.47*	0.57*	0.43*	0.51*	0.44*
Bindung	0.51*	0.21	0.38	0.31	0.60*	0.46*
Metall	0.32	0.17	0.48*	0.23	0.40	0.22
Orbital	0.15	0.22	0.33	0.50*	0.49*	0.52*
Experiment	0.39	0.17	0.51*	0.14	0.35	0.50*
Polarität	0.59*	0.46*	0.58*	0.40	0.59*	0.58*
Ammoniak	0.52*	0.48*	0.47*	0.45*	0.61*	0.55*
Redoxreaktion	0.44*	0.66*	0.56*	0.52*	0.62*	0.56*
Ionengitter	0.35	0.60*	0.56*	0.50*	0.58*	0.47*
Titration	0.55*	0.41	0.43	0.45	0.80*	0.37
Atom	0.13	0.18	0.52*	0.23	0.09	0.27
PSE	0.29	0.42*	0.25	0.51*	0.41	0.24
Verbindung	0.28	0.24	0.19	0.43*	0.35	0.28
Säure	0.42	0.26	0.45*	0.27	0.45*	0.22
Mol	0.57*	0.44*	0.42	0.25	0.56*	0.51*
Verbrennung	0.21	0.21	0.24	0.40	0.49*	0.39
Brom	0.45*	0.25	0.51*	0.23	0.53*	0.37
Reaktionsgl.	0.50*	0.41	0.44*	0.32	0.43	0.34
Kupfer	0.34	0.21	0.42*	0.19	0.45*	0.43*
Neutralisation	0.68*	0.49*	0.37	0.29	0.51*	0.58*

Anglistikstudenten	K-V	K-M	K-B	B-M	B-V	M-V
Sauerstoff	0.15*	0.03-	0.48*	0.03	0.24	0.05
Struktur	0.35*	0.09	0.58*	0.18	0.49*	0.08
Energie	0.30	0.17	0.50*	0.26	0.27	0.06
Nichtmetall	0.40*	0.14	0.44*	0.07	0.38*	0.10-
Salz	0.33	0.16	0.08	0.03-	0.28	0.01
Indikator	0.52*	0.39*	0.51	0.31	0.53*	0.27
Reaktion	0.14	0.17	0.44*	0.35*	0.22	0.32
Cadmium	0.40*	0.17*	0.36*	0.09	0.45*	0.27
Base	0.41*	0.07	0.50*	0.20	0.45*	0.21
NAS	0.31	0.21	0.40*	0.20	0.41*	0.14
Elektrolyse	0.31	0.20	0.53*	0.29	0.51*	0.19
Gleichgewicht	0.17	0.35*	0.45*	0.28	0.49*	0.24
Strukturformel	0.27	0.29	0.25	0.39*	0.35*	0.20
Bindung	0.36*	0.03	0.44*	0.32	0.48*	0.09
Metall	0.49*	0.03	0.16	0.05	0.18	0.11
Orbital	0.53*	0.19	0.50*	0.33	0.55*	0.49*
Experiment	0.25	0.12	0.18	0.29	0.21	0.16
Polarität	0.32	0.32	0.40*	0.35*	0.47*	0.30
Ammoniak	0.42*	0.17	0.42*	0.15	0.62*	0.24
Redoxreaktion	0.30	0.16	0.46*	0.40*	0.67*	0.44*
Ionengitter	0.53*	0.30	0.52*	0.44*	0.53*	0.31
Titration	0.60*	0.40*	0.68*	0.50*	0.80*	0.50*
Atom	0.32	0.04-	0.43*	0.22	0.30	0.27
PSE	0.70*	0.39*	0.54*	0.48*	0.67*	0.57*
Verbindung	0.32	0.38*	0.46*	0.24	0.50*	0.35*
Säure	0.39*	0.11	0.52*	0.30	0.36*	0.27
Mol	0.35*	0.13	0.48*	0.17	0.32	0.22
Verbrennung	0.32	0.03*	0.35*	0.05	0.53*	0.27
Brom	0.48*	0.19	0.59*	0.12	0.64*	0.34
Reaktionsgl.	0.36*	0.23	0.40*	0.15	0.39*	0.20
Kupfer	0.40*	0.31	0.44*	0.34	0.40*	0.23
Neutralisation	0.50*	0.28	0.42*	0.33	0.47*	0.38*

VII   Kommunalitäten der vier Variablen einer Hauptkomponentenanalyse mit anschließender Harris-Kaiser-Rotation zur Eigenschaftsdifferenzierung bei zwei extrahierten Faktoren

Chemiestudenten	h2 K	h2 B	h2 M	h2 V
Sauerstoff	0.64	0.75	0.86	0.68
Struktur	0.72	0.60	0.90	0.61
Energie	0.68	0.60	0.98	0.57
Nichtmetall	0.76	0.73	0.95	0.63
Salz	0.74	0.67	0.99	0.64
Indikator	0.66	0.75	0.98	0.67
Reaktion	0.46	0.67	0.85	0.71
Cadmium	0.79	0.74	0.97	0.78
Base	0.75	0.83	0.92	0.74
NAS	0.64	0.77	1.00	0.75
Elektrolyse	0.73	0.81	0.99	0.73
Gleichgewicht	0.56	0.65	0.98	0.71
Strukturformel	0.72	0.62	0.96	0.64
Bindung	0.86	0.51	0.89	0.64
Metall	0.74	0.70	0.97	0.53
Orbital	0.84	0.76	0.92	0.75
Experiment	0.64	0.71	0.89	0.65
Polarität	0.74	0.72	0.97	0.76
Ammoniak	0.71	0.78	0.98	0.78
Redoxreaktion	0.71	0.68	0.95	0.70
Ionengitter	0.67	0.77	0.99	0.70
Titration	0.80	0.83	1.00	0.87
Atom	0.69	0.70	0.99	0.56
PSE	0.80	0.67	0.80	0.70
Verbindung	0.75	0.62	0.76	0.61
Säure	0.66	0.78	0.96	0.70
Mol	0.74	0.81	0.96	0.74
Verbrennung	0.80	0.61	0.76	0.69
Brom	0.70	0.69	0.99	0.75
Reaktionsgleichung	0.71	0.58	0.95	0.57
Kupfer	0.71	0.71	0.95	0.74
Neutralisation	0.65	0.94	0.77	0.78

Schüler	h2 K	h2 B	h2 M	h2 V
Sauerstoff	0.64	0.49	0.95	0.62
Struktur	0.72	0.65	9.90	0.59
Energie	0.70	0.62	0.95	0.65
Nichtmetall	0.83	0.69	0.90	0.62
Salz	0.74	0.68	0.97	0.79
Indikator	0.77	0.81	0.95	0.74
Reaktion	0.64	0.60	0.97	0.68
Cadmium	0.67	0.66	0.91	0.69
Base	0.72	0.98	0.65	0.80
NAS	0.75	0.78	0.91	0.88
Elektrolyse	0.69	0.79	0.99	0.75
Gleichgewicht	0.62	0.83	0.94	0.76
Strukturformel	0.70	0.76	0.98	0.67
Bindung	0.79	0.62	0.88	0.77
Metall	0.63	0.71	0.98	0.50
Orbital	0.99	0.61	0.70	0.76
Experiment	0.69	0.77	0.88	0.77
Polarität	0.73	0.79	0.95	0.77
Ammoniak	0.62	0.86	0.90	0.76
Redoxreaktion	0.85	0.81	0.78	0.86
Ionengitter	0.83	0.75	0.74	0.90
Titration	0.54	0.81	0.95	0.90
Atom	0.72	0.74	0.60	0.70
PSE	0.89	0.82	0.67	0.47
Verbindung	0.92	0.70	0.63	0.52
Säure	0.61	0.68	0.99	0.60
Mol	0.66	0.84	0.93	0.72
Verbrennung	0.98	0.64	0.56	0.69
Brom	0.65	0.71	0.96	0.68
Reaktionsgl.	0.67	0.59	0.98	0.71
Kupfer	0.67	0.71	0.87	0.71
Neutralisation	0.72	0.97	0.70	0.79
Anglistikstudenten	h2 K	h2 B	h2 M	h2 V
Sauerstoff	0.67	0.70	0.89	0.37
Struktur	0.65	0.76	1.00	0.57
Energie	0.64	0.65	0.83	0.64
Nichtmetall	0.71	0.62	0.93	0.67
Salz	0.63	0.55	0.74	0.67
Indikator	0.66	0.69	0.96	0.74
Reaktion	0.80	0.70	0.63	0.68
Cadmium	0.54	0.67	0.97	0.65
Base	0.69	0.68	0.98	0.61
NAS	0.52	0.65	0.97	0.66
Elektrolyse	0.59	0.75	1.00	0.58
Gleichgewicht	0.74	0.71	0.56	0.87
Strukturformel	0.39	0.61	0.81	0.88
Bindung	0.65	0.72	0.95	0.61
Metall	0.75	0.22	0.98	0.74
Orbital	0.75	0.70	0.95	0.76
Experiment	0.67	0.60	0.70	0.57
Polarität	0.51	0.70	0.86	0.76
Ammoniak	0.55	0.75	0.99	0.71
Redoxreaktion	0.84	0.78	0.77	0.72
Ionengitter	0.71	0.68	0.95	0.71
Titration	0.74	0.86	0.99	0.79
Atom	0.80	0.59	0.88	0.53
PSE	0.84	0.68	0.95	0.83
Verbindung	0.57	0.81	0.93	0.61
Säure	0.78	0.65	0.94	0.51
Mol	0.71	0.65	0.93	0.50
Verbrennung	0.54	0.69	0.91	0.72
Brom	0.67	0.81	0.97	0.73
Reaktionsgl.	0.57	0.67	0.98	0.56
Kupfer	0.60	0.61	0.94	0.72
Neutralisation	0.71	0.59	0.98	0.67

VIII Korrelationen unter den Begriffen

Beurteilungsvariable Bildhaftigkeit

		Chemiestudenten	Schüler	Anglistikstudenten
Säure	Base	0.58*	0.14	0.10
Säure	Indikator	0.32*	0.17	0.14
Neutralisation	Säure	0.41*	0.09	0.13
Neutralisation	Base	0.49*	0.27	0.20
Neutralisation	Reaktion	0.26	0.19	0.21
Neutralisation	Salz	0.05	0.09	0.03
Neutralisation	Indikator	0.28	0.33	0.09
Metall	Nichtmetall	0.58*	0.21	0.24
Metall	Kupfer	0.56*	0.31	0.43*
Metall	Cadmium	0.31*	0.08	0.12
Kupfer	Cadmium	0.57*	0.03	0.33
Nichtmetall	Sauerstoff	0.45*	0.10-	0.23
Nichtmetall	Brom	0.32*	0.21	0.14
Sauerstoff	Brom	0.64*	0.24-	0.03
Ionengitter	Salz	0.07	0.10	0.04
Redoxreaktion	Verbrennung	0.05	0.05-	0.02-

Chemiestudenten	Ca	NAS	Am	Brom	Ku	Sa	Säure
NAS	0.57						
Ammoniak	0.55*	0.12					
Brom	0.63*	0.39*	0.63*				
Kupfer	0.46*	0.26	0.57*	0.60*			
Sauerstoff	0.25	0.01	0.41*	0.34*	0.39*		
Säure	0.49*	0.12	0.42*	0.37*	0.39*	0.40*	
Base	0.41*	0.34*	0.46*	0.50*	0.27	0.36*	0.58*

Schüler	Ca	NAS	Am	Brom	Ku	Sa	Säure
NAS	0.43*						
Ammoniak	0.36*	0.42*					
Brom	0.41*	0.37*	0.60*				
Kupfer	0.03	0.13	0.09	0.19			
Sauerstoff	0.14-	0.23-	0.24-	0.24-	0.13-		
Säure	0.15	0.01-	0.02	0.13	0.19	0.14	
Base	0.28	0.23	0.13	0.16	0.02-	0.16-	0.22

Anglistikstudenten	Ca	NAS	Am	Brom	Ku	Sa	Säure
NAS	0.51*						
Ammoniak	0.44*	0.41*					
Brom	0.48*	0.46*	0.48*				
Kupfer	0.33	0.26	0.35	0.35			
Sauerstoff	0.12	0.04	0.23	0.03	0.04		
Säure	0.10	0.03	0.29	0.18	0.34	0.47*	
Base	0.42*	0.32	0.19	0.33	0.16	0.14	0.38

Chemiestudenten	Salz	Me	NM	Ku	Ve	Atom	Bi	Gl	Po
Me	0.58*								
NM	0.62*	0.56*							
Ku	0.38*	0.47*	0.52*						
Ve	0.39*	0.42*	0.55*	0.57*					
Atom	0.05	0.23	0.22	0.25	0.20				
Bi	0.18	0.22	0.25	0.12	0.17	0.51*			
Gl	0.12	0.25	0.04	0.14	0.21	0.08	0.37*		
Po	0.19	0.38*	0.24	0.28	0.17	0.40*	0.48*	0.23	
Or	0.13	0.16	0.15	0.10	0.06	0.39*	0.41*	0.18	0.48*

Schüler	Salz	Me	NM	Ku	Ve	Atom	Bi	Gl	Po
Me	0.32								
NM	0.43*	0.21							
Ku	0.49*	0.33	0.31						
Ve	0.17	0.04	0.41*	0.37*					
Atom	0.03	0.08-	0.04-	0.01	0.17				
Bi	0.05	0.02	0.07	0.10	0.01-	0.29			
Gl	0.15	0.03-	0.20	0.11	0.18	0.01-	0.23		
Po	0.00	0.13	0.06-	0.20	0.08-	0.14	0.05	0.11	
Or	0.03	0.01	0.09-	0.09	0.25-	0.13	0.11	0.06-	0.04-

Anglistikstudenten	Salz	Me	NM	Ku	Ve	Atom	Bi	Gl	Po
Me	0.27								
NM	0.18	0.24							
Ku	0.43*	0.23	0.43*						
Ve	0.14	0.30	0.25	0.30					
Atom	0.20	0.14	0.03	0.04	0.19				
Bi	0.03-	0.21	0.02-	0.15-	0.30	0.30			
Gl	0.06-	0.25	0.13-	0.06-	0.40*	0.13	0.47*		
Po	0.01-	0.23	0.14-	0.05-	0.15	0.13	0.33	0.56*	
Or	0.06-	0.21	0.16	0.01	0.08	0.12	0.13	0.20	0.15

		Chemiestudenten	Schüler	Anglistikstudenten
Energie	Salz	0.02	0.11-	0.14
Energie	Metall	0.37	0.16-	0.00
Energie	Nichtmetall	0.21	0.05	0.32
Energie	Kupfer	0.24	0.02	0.04
Energie	Verbrennung	0.14	0.04	0.31
Energie	Atom	0.25	0.15	0.28
Energie	Bindung	0.34*	0.31	0.44*
Energie	Gleichgewicht	0.20	0.28	0.44*
Energie	Polarität	0.27	0.01	0.14
Energie	Orbital	0.12	0.05	0.05
Sauerstoff	Salz	0.11	0.07-	0.12
Sauerstoff	Metall	0.21	0.17-	0.11
Sauerstoff	Nichtmetall	0.32*	0.09-	0.23
Sauerstoff	Kupfer	0.38*	0.12-	0.04
Sauerstoff	Verbrennung	0.24	0.12-	0.16
Sauerstoff	Atom	0.42*	0.28	0.48*
Sauerstoff	Bindung	0.30*	0.34	0.51*
Sauerstoff	Gleichgewicht	0.06	0.06	0.24
Sauerstoff	Polarität	0.26	0.04	0.22
Sauerstoff	Orbital	0.25	0.04	0.03
Verbindung	Bindung	0.51*	0.53*	0.75*
Verbindung	Gleichgewicht	0.16	0.19	0.53*
Verbindung	Polarität	0.32*	0.10	0.30
Verbindung	Orbital	0.23	0.05-	0.01
Reaktionsgl.	Strukturformel	0.67*	0.19	0.34
Struktur	Strukturformel	0.43*	0.19	0.33
Reaktionsgl.	Reaktion	0.36*	0.25	0.12
Strukturformel	Salz	0.02	0.06-	0.20
Strukturformel	Metall	0.03	0.01-	0.00
Strukturformel	Atom	0.37*	0.11	0.04
Strukturformel	Polarität	0.23	0.00	0.26
Strukturformel	Bindung	0.30*	0.20	0.17
Reaktionsgl.	Salz	0.22	0.03	0.01
Reaktionsgl.	Metall	0.11	0.17	0.14

Reaktionsgl.	Atom	0.48*	0.09	0.16-
Reaktionsgl.	Polarität	0.37*	0.10-	0.05-
Reaktionsgl.	Bindung	0.43*	0.24	0.15
Experiment	Salz	0.20	0.07	0.13
Experiment	Metall	0.04	0.18	0.23
Experiment	Kupfer	0.29	0.06	0.18

Beurteilungsvariable Bedeutungshaltigkeit

		Chemiestudenten	Schüler	Anglistikstudenten
Säure	Base	0.57*	0.31	0.33
Säure	Neutralisation	0.47*	0.29	0.23
Säure	Indikator	0.44*	0.14	0.23
Base	Neutralisation	0.40*	0.49*	0.35
Reaktion	Neutralisation	0.20	0.27	0.44*
Salz	Neutralisation	0.12	0.29	0.09
Indikator	Neutralisation	0.17	0.50*	0.39*
Metall	Nichtmetall	0.57*	0.62*	0.27
Metall	Kupfer	0.48*	0.56*	0.68*
Metall	Cadmium	0.40*	0.36*	0.09
Kupfer	Cadmium	0.55*	0.29	0.39*
Nichtmetall	Sauerstoff	0.36*	0.10	0.06-
Nichtmetall	Brom	0.41*	0.08	0.00
Sauerstoff	Brom	0.38*	0.15	0.12-
Ionengitter	Salz	0.20	0.11	0.12
Redoxreaktion	Verbrennung	0.01	0.09	0.09-

Chemiestudenten	Ca	NAS	Am	Brom	Ku	Sa	Säure
NAS	0.56*						
Ammoniak	0.47*	0.51*					
Brom	0.64*	0.54*	0.66*				
Kupfer	0.56*	0.44*	0.53*	0.65*			
Sauerstoff	0.21	0.06	0.38*	0.38*	0.37*		
Säure	0.47*	0.33*	0.38*	0.49*	0.43*	0.36*	
Base	0.41*	0.29	0.34*	0.42*	0.30*	0.35*	0.57*

Schüler	Ca	NAS	Am	Brom	Ku	Sa	Säure
NAS	0.57*						
Ammoniak	0.39*	0.37*					
Brom	0.63*	0.42*	0.60*				
Kupfer	0.29	0.24	0.54*	0.45*			
Sauerstoff	0.22	0.14	0.11	0.15	0.18		
Säure	0.23	0.20	0.39*	0.28	0.50*	0.38*	
Base	0.51*	0.34	0.44*	0.51*	0.22	0.13	0.31

Anglistikstudenten	Ca	NAS	Am	Brom	Ku	Sa	Säure
NAS	0.52*						
Ammoniak	0.58*	0.43*					
Brom	0.62*	0.63*	0.47*				
Kupfer	0.38*	0.11	0.41*	0.22			
Sauerstoff	0.03	0.03-	0.19	0.12-	0.23		
Säure	0.17	0.09	0.45*	0.09	0.34	0.25	
Base	0.44*	0.46*	0.48*	0.45*	0.13	0.08	0.33

Chemiestudenten	Salz	Me	NM	Ku	Ve	Atom	Bi	Gl	Po
Me	0.38*								
NM	0.46*	0.57*							
Ku	0.30*	0.48*	0.43*						
Ve	0.36*	0.45*	0.42*	0.46*					
Atom	0.11	0.17	0.34*	0.18	0.20				
Bi	0.14	0.01	0.19	0.02	0.04	0.38*			
Gl	0.16	0.01	0.26	0.02	0.19	0.17	0.42*		
Po	0.20	0.26	0.42*	0.15	0.16	0.23	0.31*	0.41*	
Or	0.11	0.12	0.30*	0.00	0.11	0.40*	0.32*	0.32*	0.45*

Schüler	Salz	Me	NM	Ku	Ve	Atom	Bi	Gl	Po
Me	0.51*								
NM	0.50*	0.62*							
Ku	0.40*	0.56*	0.34						
Ve	0.26	0.29	0.28	0.43*					
Atom	0.05	0.21	0.24	0.14	0.12				
Bi	0.17	0.20	0.31	0.29	0.37*	0.27			
Gl	0.32	0.20	0.19	0.33	0.45*	0.03-	0.21		
Po	0.16	0.11	0.13	0.28	0.16	0.15	0.20	0.06	
Or	0.06-	0.07	0.12	0.13	0.09-	0.00	0.11	0.02-	0.12

Anglistikstudenten	Salz	Me	NM	Ku	Ve	Atom	Bi	Gl	Po
Me	0.59*								
NM	0.47*	0.28							
Ku	0.44*	0.68*	0.17						
Ve	0.35	0.46*	0.17	0.34					
Atom	0.21	0.22	0.20	0.23	0.11				
Bi	0.21	0.29	0.20	0.10	0.16	0.27			
Gl	0.56*	0.40*	0.36	0.23	0.48*	0.12	0.33		
Po	0.11	0.04-	0.18	0.07	0.20	0.20	0.24	0.18	
Or	0.07-	0.10-	0.17	0.27-	0.01-	0.20	0.29	0.10	0.31

		Chemiestudenten	Schüler	Anglistikstudenten
Energie	Salz	0.28	0.19	0.06
Energie	Metall	0.14	0.28	0.07
Energie	Nichtmetall	0.36*	0.25	0.05
Energie	Kupfer	0.10	0.18	0.08
Energie	Verbrennung	0.03	0.40*	0.33
Energie	Atom	0.20	0.16	0.31
Energie	Bindung	0.27	0.12	0.01
Energie	Gleichgewicht	0.18	0.33	0.19
Energie	Polarität	0.29	0.13	0.23
Energie	Orbital	0.32*	0.10	0.09-
Sauerstoff	Salz	0.31*	0.30	0.22
Sauerstoff	Metall	0.32*	0.31	0.19
Sauerstoff	Nichtmetall	0.36*	0.09	0.06-
Sauerstoff	Kupfer	0.37*	0.18	0.23
Sauerstoff	Verbrennung	0.15	0.01	0.03
Sauerstoff	Atom	0.30*	0.06	0.26
Sauerstoff	Bindung	0.17	0.02	0.09
Sauerstoff	Gleichgewicht	0.11	0.03-	0.09
Sauerstoff	Polarität	0.04	0.17	0.13
Sauerstoff	Orbital	0.14	0.16-	0.33-
Verbindung	Bindung	0.36*	0.50*	0.58*
Verbindung	Gleichgewicht	0.28	0.26	0.24
Verbindung	Polarität	0.35*	0.31	0.34
Verbindung	Orbital	0.19	0.10	0.13

Reaktionsgl.	Strukturformel	0.35*	0.44*	0.37*
Reaktionsgl.	Reaktion	0.36*	0.40*	0.48*
Struktur	Strukturformel	0.54*	0.46*	0.51*
Strukturformel	Salz	0.27	0.00	0.05-
Strukturformel	Metall	0.04	0.21-	0.14-
Strukturformel	Atom	0.36*	0.33	0.17
Strukturformel	Polarität	0.35*	0.14	0.14
Strukturformel	Bindung	0.57*	0.50*	0.50*
Reaktionsgl.	Salz	0.07	0.18	0.03
Reaktionsgl.	Metall	0.14	0.08	0.02
Reaktionsgl.	Atom	0.43*	0.46*	0.30
Reaktionsgl.	Polarität	0.32*	0.21	0.33
Reaktionsgl.	Bindung	0.37*	0.29	0.26
Experiment	Salz	0.11	0.15	0.40*
Experiment	Metall	0.19	0.07	0.35
Experiment	Kupfer	0.12	0.11	0.32

Beurteilungsvariable Verständlichkeit

		Chemiestudenten	Schüler	Anglistikstudenten
Säure	Base	0.69*	0.16	0.42*
Säure	Indikator	0.44*	0.17	0.53*
Neutralisation	Säure	0.65*	0.12	0.52*
Neutralisation	Base	0.50*	0.27	0.22
Neutralisation	Reaktion	0.27	0.02	0.46*
Neutralisation	Salz	0.49*	0.02	0.30
Neutralisation	Indikator	0.26	0.10	0.33
Metall	Nichtmetall	0.76*	0.48*	0.63*
Metall	Kupfer	0.59*	0.44*	0.33
Metall	Cadmium	0.45*	0.15	0.26
Kupfer	Cadmium	0.61*	0.16	0.53*
Nichtmetall	Sauerstoff	0.59*	0.10	0.42*
Nichtmetall	Brom	0.50*	0.08	0.14
Sauerstoff	Brom	0.45*	0.14-	0.45*
Ionengitter	Salz	0.38*	0.16	0.22
Redoxreaktion	Verbrennung	0.37*	0.01	0.16

Chemiestudenten	Ca	NAS	Am	Brom	Ku	Sa	Säure
NAS	0.47*						
Ammoniak	0.68*	0.30					
Brom	0.72*	0.40*	0.71*				
Kupfer	0.61*	0.19	0.56*	0.75*			
Sauerstoff	0.35*	0.07	0.52*	0.45*	0.41*		
Säure	0.47*	0.19	0.66*	0.61*	0.69*	0.48*	
Base	0.61*	0.31*	0.65*	0.65*	0.53*	0.47*	0.69*

Schüler	Ca	NAS	Am	Brom	Ku	Sa	Säure
NAS	0.67*						
Ammoniak	0.47*	0.51*					
Brom	0.45*	0.45*	0.53*				
Kupfer	0.16	0.09	0.17	0.27			
Sauerstoff	0.02	0.04-	0.09	0.15-	0.01-		
Säure	0.16	0.01	0.13	0.20	0.28	0.17	
Base	0.36*	0.31	0.32	0.40*	0.14	0.04-	0.20

Anglistikstudenten	Ca	NAS	Am	Brom	Ku	Sa	Säure		
NAS	0.40*								
Ammoniak	0.73*	0.38*							
Brom	0.69*	0.54*	0.65*						
Kupfer	0.53*	0.26	0.66*	0.59*					
Sauerstoff	0.39*	0.13	0.38*	0.45*	0.45*				
Säure	0.42*	0.05	0.53*	0.33	0.53*	0.42*			
Base	0.52*	0.23	0.53*	0.53*	0.52*	0.37*	0.53*		

Chemiestudenten	Salz	Me	NM	Ku	Ve	Atom	Bi	Gl	Po
Me	0.74*								
NM	0.82*	0.77*							
Ku	0.51*	0.58*	0.58*						
Ve	0.45*	0.50*	0.46*	0.62*					
Atom	0.37*	0.37*	0.44*	0.36*	0.31*				
Bi	0.44*	0.57*	0.45*	0.36*	0.35*	0.43*			
Gl	0.39*	0.36*	0.38*	0.34*	0.35*	0.40*	0.55*		
Po	0.36*	0.38*	0.28	0.36*	0.48*	0.40*	0.51*	0.35*	
Or	0.09	0.20	0.18	0.24	0.17	0.42*	0.38*	0.33*	0.49*

Schüler	Salz	Me	NM	Ku	Ve	Atom	Bi	Gl	Po
Me	0.34								
NM	0.56*	0.48*							
Ku	0.18	0.44*	0.26						
Ve	0.28	0.20	0.20	0.28					
Atom	0.20	0.09-	0.06	0.09	0.14				
Bi	0.12	0.25	0.16	0.17	0.33	0.14			
Gl	0.23	0.26	0.10	0.19	0.31	0.01	0.22		
Po	0.33	0.08	0.11	0.07	0.04	0.07	0.11	0.04	
Or	0.00	0.17-	0.04-	0.07-	0.06	0.11	0.21	0.09	0.17

Anglistikstudenten	Salz	Me	NM	Ku	Ve	Atom	Bi	Gl	Po
Me	0.44*								
NM	0.49*	0.62*							
Ku	0.34	0.33	0.28						
Ve	0.51*	0.45*	0.45*	0.36					
Atom	0.38*	0.49*	0.42*	0.28	0.48*				
Bi	0.14	0.34	0.27	0.07	0.32	0.39*			
Gl	0.53*	0.20	0.38*	0.24	0.72*	0.28	0.26		
Po	0.26	0.05	0.16	0.31-	0.32	0.17	0.17	0.37*	
Or	0.18	0.16	0.20	0.10	0.27	0.17	0.23	0.18	0.17

		Chemiestudenten	Schüler	Anglistikstudenten
Energie	Salz	0.42*	0.14	0.38*
Energie	Metall	0.35*	0.04	0.36
Energie	Nichtmetall	0.40*	0.27	0.39*
Energie	Kupfer	0.32*	0.09	0.34
Energie	Verbrennung	0.40*	0.23	0.43*
Energie	Atom	0.39*	0.18	0.48*
Energie	Bindung	0.51*	0.28	0.19
Energie	Gleichgewicht	0.38*	0.24	0.34
Energie	Polarität	0.46*	0.03	0.37
Energie	Orbital	0.25	0.01	0.14
Sauerstoff	Salz	0.59*	0.26	0.32
Sauerstoff	Metall	0.43*	0.05	0.43*
Sauerstoff	Nichtmetall	0.60*	0.10	0.42*
Sauerstoff	Kupfer	0.40*	0.01	0.45*
Sauerstoff	Verbrennung	0.36*	0.07	0.24

Sauerstoff	Atom	0.31*	0.43*	0.42*
Sauerstoff	Bindung	0.24	0.20	0.32
Sauerstoff	Gleichgewicht	0.41*	0.03	0.13
Sauerstoff	Polarität	0.40*	0.04-	0.26
Sauerstoff	Orbital	0.19	0.04-	0.22
Verbindung	Bindung	0.68*	0.45*	0.66*
Verbindung	Gleichgewicht	0.45*	0.33	0.51*
Verbindung	Polarität	0.45*	0.09	0.27
Verbindung	Orbital	0.26	0.14	0.22
Reaktionsgl.	Strukturformel	0.57*	0.37*	0.50*
Reaktionsgl.	Reaktion	0.58*	0.40*	0.51*
Struktur	Strukturformel	0.61*	0.33	0.44*
Strukturformel	Salz	0.44*	0.12	0.22
Strukturformel	Metall	0.44*	0.02	0.34
Strukturformel	Atom	0.46*	0.07	0.17
Strukturformel	Polarität	0.39*	0.17	0.17
Strukturformel	Bindung	0.55*	0.37*	0.45*
Reaktionsgl.	Salz	0.33*	0.06	0.28
Reaktionsgl.	Metall	0.35*	0.16	0.38*
Reaktionsgl.	Atom	0.42*	0.28	0.30
Reaktionsgl.	Polarität	0.49*	0.05-	0.21
Reaktionsgl.	Bindung	0.54*	0.16	0.51*
Experiment	Salz	0.35*	0.31	0.51*
Experiment	Metall	0.36*	0.21	0.42*
Experiment	Kupfer	0.51*	0.08	0.47*

Beurteilungsvariable Konkretheit

Experiment	Salz	0.16	0.11	0.36
Experiment	Metall	0.30*	0.24	0.46*
Experiment	Kupfer	0.22	0.03-	0.17

IX Hauptkomponentenanalyse mit anschließender Harris-Kaiser-Rotation zur Gruppierung der Begriffe

Beurteilungsvariable Chemiestudenten

Konkretheit

	F1	F2	F3	F4	F5	F6	F7	h2
Energie	0.82	0	0	0	0	0	0	0.74
Strukturformel	0	0.90	0	0	0	0	0	0.73
Gleichgewicht	0	0.76	0	0	0	0	0	0.56
Reaktionsgl.	0	0.71	0	0	0	0	0	0.72
Bindung	0	0.60	0.35	0	0	0	0	0.62
Struktur	0	0.51	0	0	0	0	0	0.42
Reaktion	0	0.47	0	0	0	0	0	0.62
Atom	0	0.41	0	0	0	0.38	0	0.62
Experiment	0	0	0.82	0	0	0	0	0.62
Verbindung	0	0	0.60	0	0.38	0	0	0.73
Indikator	0	0	0.50	0	0	0	0	0.46
Elektrolyse	0	0	0	0.84	0	0	0	0.71
Neutralisation	0	0	0	0.34	0	0	0	0.69
Brom	0	0	0	0	0.99	0	0	0.83
Cadmium	0	0	0	0	0.98	0	0	0.74
Ammoniak	0	0	0	0	0.83	0	0	0.71
Sauerstoff	0	0	0	0	0.74	0	0	0.68
Base	0	0	0	0	0.64	0	0	0.65
Säure	0	0	0	0	0.61	0	0	0.69
Kupfer	0	0	0	0	0.60	0	0.40	0.70
NAS	0	0	0	0	0.50	0	0	0.58
Polarität	0	0	0	0	0	0.86	0	0.74
Ionengitter	0	0	0	0	0	0.76	0	0.67
Titration	0	0	0	0	0	0.75	0	0.64
Orbital	0	0	0	0	0	0.61	0	0.60
Salz	0	0	0	0	0	0	0.77	0.74
Nichtmetall	0	0	0	0	0	0	0.75	0.73
Metall	0	0	0	0	0	0	0.50	0.70
Verbrennung	0	0	0.51	0	0	0	0.47	0.59
Redoxreaktion	0	0	0	0.36	0.32	0.41	0	0.71
Mol	0.31	0	0	0.34	0.31	0	0	0.59
PSE	0.34	0.30	0	0	0	0	0	0.59

Bildhaftigkeit

	F1	F2	F3	F4	F5	F6	F7	h2
Sauerstoff	0.92	0	0	0	0	0	0	0.76
Energie	0.62	0	0	0	0	0	0	0.46
Mol	0.46	0	0	0	0	0	0	0.49
Metall	0	0.97	0	0	0	0	0	0.80
Salz	0	0.81	0	0	0	0	0	0.70
Nichtmetall	0	0.67	0	0	0	0	0	0.70
Verbrennung	0	0.60	0	0	0	0.32	0	0.62
Kupfer	0	0.47	0.40	0	0	0	0	0.68
Ammoniak	0	0	0.75	0	0	0	0	0.71
Cadmium	0	0	0.70	0	0	0	0	0.64
NAS	0	0	0.67	0	0	0	0	0.66
Brom	0	0	0.62	0	0	0	0	0.68
Atom	0	0	0	0.60	0	0	0	0.61
PSE	0	0	0	0.78	0	0	0	0.62
Verbindung	0	0	0	0.63	0	0	0	0.65
Strukturformel	0	0	0	0	0.86	0	0	0.61
Gleichgewicht	0	0	0	0	0.71	0	0	0.50
Reaktionsgl.	0	0	0	0.36	0.65	0	0	0.60
Neutralisation	0	0	0	0	0.64	0	0	0.52
Struktur	0	0	0	0	0.62	0	0	0.45
Elektrolyse	0	0	0	0.42	0.61	0	0	0.52
Redoxreaktion	0	0	0	0	0.60	0	0	0.64
Indikator	0	0	0	0	0.50	0	0	0.59
Base	0	0	0	0.41	0.45	0	0	0.64
Bindung	0	0	0	0	0.44	0	0	0.69
Säure	0	0	0	0	0.35	0	0	0.60
Orbital	0	0	0	0	0.31	0	0	0.48
Experiment	0	0	0	0	0	0.68	0	0.62
Titration	0	0	0	0	0	0	0.84	0.77
Reaktion	0.37	0	0	0	0	0.38	0.30	0.66
Polarität	0.30	0	0	0	0.30	0	0.32	0.57
Ionengitter	0	0	0	0.48	0.33	0	0.34	0.59

Beurteilungsvariable	Chemiestudenten							
Bedeutungshaltigkeit	F1	F2	F3	F4	F5	F6	F7	h2
Bindung	0.77	0	0	0	0	0	0	0.66
Ionengitter	0.64	0	0	0.50	0	0	0	0.64
Polarität	0.63	0	0	0	0	0	0	0.54
Strukturformel	0.59	0	0	0	0	0	0	0.67
Gleichgewicht	0.59	0.37	0	0	0	0	0	0.56
Verbindung	0.52	0	0	0	0	0	0	0.65
Redoxreaktion	0.44	0	0	0	0	0	0	0.62
Mol	0	0.89	0	0	0	0	0	0.70
Säure	0	0.86	0	0	0	0	0	0.77
Elektrolyse	0	0.71	0	0	0	0	0	0.61
Neutralisation	0	0.68	0	0	0	0	0	0.58
Base	0	0.66	0	0	0	0	0	0.60
Verbrennung	0	0	0.65	0	0	0	0	0.67
Nichtmetall	0	0	0.40	0	0	0	0	0.65
Brom	0	0	0	0.88	0	0	0	0.79
Ammoniak	0	0	0	0.83	0	0	0	0.68
NAS	0	0	0	0.83	0	0	0	0.68
Cadmium	0	0	0	0.72	0	0	0	0.65
Kupfer	0	0	0.31	0.70	0	0	0	0.73
Metall	0	0	0.45	0.35	0	0	0	0.59
Experiment	0	0	0	0	0.72	0	0	0.52
Atom	0	0	0	0	0.77	0	0	0.63
Reaktion	0	0	0	0	0.65	0	0	0.57
PSE	0	0	0	0	0.55	0	0	0.59
Reaktionsgl.	0	0	0	0	0.54	0	0	0.63
Sauerstoff	0.52-	0	0	0	0.49	0	0	0.53
Energie	0	0	0	0	0	0.81	0	0.66
Struktur	0	0	0	0	0	0.50	0	0.60
Orbital	0	0	0	0	0	0.40	0	0.64
Indikator	0	0	0	0	0	0	0.85	0.75
Salz	0	0	0	0	0	0	0.48	0.60
Titration	0	0	0.69-	0	0	0	0.38	0.68
Verständlichkeit								
Titration	0.82	0	0	0	0	0	0	0.80
Indikator	0	0.76	0	0	0	0	0	0.71
NAS	0	0	0.80	0	0	0	0	0.73
Orbital	0	0	0	0.94	0	0	0	0.65
Polarität	0	0	0	0.82	0	0	0	0.64
Struktur	0	0.34	0	0.59	0	0	0	0.71
Energie	0.53-	0	0	0.58	0	0	0	0.68
Gleichgewicht	0	0	0	0.56	0	0	0	0.60
Atom	0	0	0	0.55	0	0	0.35	0.54
Redoxreaktion	0	0	0	0.54	0	0	0	0.58
Strukturformel	0	0	0	0.53	0	0	0	0.69
Ammoniak	0	0	0	0	0.84	0	0	0.74
Mol	0	0	0	0	0.83	0	0	0.59
Brom	0	0	0	0	0.78	0	0	0.77
Säure	0	0	0	0	0.66	0	0	0.75
Cadmium	0	0	0.35	0	0.68	0	0	0.75
Verbrennung	0	0	0	0	0.62	0	0	0.59
Base	0	0	0	0	0.62	0	0	0.63
Elektrolyse	0	0	0	0	0.54	0	0	0.58
Reaktion	0	0	0	0	0	0.81	0	0.76
Experiment	0	0	0	0	0	0.78	0	0.70
Reaktionsgl.	0	0	0	0	0	0.70	0	0.75
Metall	0	0	0	0	0	0	0.99	0.83
Nichtmetall	0	0	0	0	0	0	0.85	0.82
Salz	0	0.41	0	0	0	0	0.80	0.84
Verbindung	0	0	0	0	0	0.35	0.64	0.71
PSE	0	0	0	0.41	0	0.56	0	0.66
Neutralisation	0	0	0	0	0.41	0	0.41	0.65
Bindung	0	0	0	0.41	0	0.38	0.59	0.80
Sauerstoff	0	0.39	0	0.36	0.47	0	0	0.70
Ionengitter	0.39	0	0.42	0.49	0	0	0	0.72
Kupfer	0	0	0	0	0.69	0.39	0.34	0.83

Beurteilungsvariable	Schüler							
Konkretheit	F1	F2	F3	F4	F5	F6	F7	h2
Ionengitter	0.83	0	0	0	0	0	0	0.68
Atom	0.56	0	0	0	0	0	0	0.44
PSE	0	0.82	0	0	0	0	0	0.67
Strukturformel	0	0.74	0	0	0	0	0	0.63
Reaktionsgl.	0	0.55	0	0	0	0	0	0.59
Experiment	0	0.50	0	0	0	0	0.41-	0.53
Metall	0	0	0.77	0	0	0	0	0.66
Salz	0	0	0.74	0	0	0	0	0.63
Nichtmetall	0	0	0.48	0	0	0	0	0.63
Sauerstoff	0	0	0.23	0	0	0	0.68-	0.56
Energie	0	0	0	0.84	0	0	0	0.78
Verbindung	0	0.34	0	0.74	0	0	0	0.77
Verbrennung	0	0	0	0.73	0	0	0	0.70
Reaktion	0	0	0	0.72	0	0	0	0.54
Säure	0	0	0	0.70	0	0	0	0.66
Bindung	0	0.45	0	0.60	0	0	0	0.74
Gleichgewicht	0	0	0	0.51	0	0	0.41	0.56
Struktur	0.34	0	0	0.45	0.47-	0	0	0.60
Cadmium	0	0	0	0	0.86	0	0	0.71
Base	0	0	0	0	0.77	0	0	0.60
Brom	0	0	0	0	0.76	0	0	0.72
NAS	0	0	0	0	0.75	0	0	0.68
Elektrolyse	0	0	0	0	0.41	0	0	0.54
Ammoniak	0	0	0.44	0	0.56	0	0	0.68
Redoxreaktion	0	0.36	0	0	0.56	0	0	0.61
Orbital	0	0	0.46-	0	0.49	0	0	0.47
Kupfer	0	0	0	0	0.42	0.67-	0	0.68
Indikator	0	0	0	0	0	0.68	0	0.55
Mol	0	0	0	0	0	0.73	0	0.68
Titration	0	0	0	0	0	0	0.53	0.54
Neutralisation	0	0	0	0	0	0	0.50	0.39
Polarität	0	0.49	0.54	0	0	0	0.30	0.70
Bildhaftigkeit								
Ionengitter	0.78	0	0	0	0	0	0	0.71
Redoxreaktion	0.73	0	0	0	0	0	0	0.62
Strukturformel	0.71	0	0	0	0	0	0	0.57
PSE	0	0.73	0	0	0	0	0	0.61
Indikator	0	0.42	0.37	0	0	0	0	0.50
Brom	0	0	0.79	0	0	0	0	0.71
Ammoniak	0	0	0.78	0	0	0	0	0.71
Titration	0	0	0.46	0	0	0	0	0.44
Orbital	0	0	0.46	0	0	0	0	0.41
Cadmium	0	0	0.42	0	0.39	0	0	0.61
NAS	0	0	0.33	0	0	0	0	0.58
Metall	0	0	0	0.71	0	0	0	0.52
Kupfer	0	0	0	0.70	0	0	0	0.51
Verbrennung	0	0	0	0.70	0	0	0	0.56
Salz	0	0	0	0.57	0	0	0	0.50
Nichtmetall	0	0	0	0.40	0.40	0	0	0.42
Elektrolyse	0	0	0	0	0.61	0	0	0.49
Base	0	0	0	0	0.48	0	0.45	0.53
Verbindung	0	0	0	0	0	0.75	0	0.66
Mol	0	0	0.34	0	0	0.71	0	0.61
Säure	0	0	0	0.38	0	0.68	0	0.71
Bindung	0	0	0	0	0	0.57	0	0.61
Experiment	0	0	0	0	0	0.57	0	0.35
Sauerstoff	0	0	0	0	0	0.56	0	0.61
Reaktion	0	0	0	0	0.38	0.44	0	0.48
Energie	0	0	0	0	0	0.38	0	0.55
Atom	0	0	0	0	0	0.28	0	0.63
Neutralisation	0	0	0	0	0	0	0.74	0.54
Polarität	0	0	0.35	0	0	0	0.61	0.50
Struktur	0	0	0	0	0	0	0.58	0.39
Gleichgewicht	0	0	0	0	0	0	0.46	0.55
Reaktionsgl.	0.30	0	0	0	0.32	0	0.31	0.45

Beurteilungsvariable Bedeutungshaltigkeit	Schüler F1	F2	F3	F4	F5	F6	F7	h2
PSE	0.79	0	0	0	0	0	0	0.72
Indikator	0.72	0	0	0	0	0	0	0.72
Metall	0	0.89	0	0	0	0	0	0.81
Sauerstoff	0	0.85	0	0	0	0	0	0.74
Säure	0	0.83	0	0	0	0	0	0.77
Verbindung	0	0.73	0	0	0	0	0	0.71
Nichtmetall	0	0.65	0	0	0	0	0	0.63
Energie	0	0.54	0	0	0	0	0	0.48
Salz	0	0.51	0	0.47	0	0	0	0.66
Reaktion	0	0.51	0	0	0	0.37	0	0.68
Strukturformel	0	0	0.94	0	0	0	0	0.79
Struktur	0	0	0.61	0	0	0	0	0.69
Reaktionsgl.	0	0.35	0.37	0	0	0	0	0.74
Brom	0	0	0	0.81	0	0	0	0.76
Ammoniak	0	0	0	0.81	0	0	0	0.79
Kupfer	0	0.38	0	0.53	0	0	0	0.84
Cadmium	0.44	0	0	0.51	0	0	0	0.73
Base	0	0	0	0.41	0	0.38	0	0.66
Experiment	0	0	0	0.40	0	0	0	0.27
Gleichgewicht	0	0	0	0	0.84	0	0	0.78
Verbrennung	0	0	0	0	0.70	0	0	0.69
Ionengitter	0	0	0	0	0	0.87	0	0.75
Elektrolyse	0	0	0	0	0	0.86	0	0.72
Redoxreaktion	0	0	0	0	0	0.74	0	0.70
Polarität	0	0	0	0	0	0.63	0	0.51
Neutralisation	0	0	0	0	0	0.60	0	0.71
Titration	0	0	0	0	0	0.44	0	0.57
Orbital	0	0	0	0	0	0	0.93	0.81
NAS	0	0	0	0	0	0	0.44	0.61
Atom	0.44	0	0.58	0	0.31	0	0	0.59
Bindung	0	0.33	0.36	0	0	0	0.37	0.60
Verständlichkeit								
Indikator	0.89	0	0	0	0	0	0	0.75
Ionengitter	0.61	0	0	0	0	0	0	0.55
Redoxreaktion	0.56	0	0	0.46	0	0	0	0.71
Gleichgewicht	0.54	0	0	0	0	0	0	0.51
Base	0.51	0	0	0	0	0	0	0.51
Neutralisation	0	0.87	0	0	0	0	0	0.67
Polarität	0	0.57	0	0	0	0	0	0.56
Elektrolyse	0	0.45	0	0	0	0	0	0.59
Struktur	0	0.45	0	0.35	0	0	0	0.58
NAS	0	0	0.86	0	0	0	0	0.74
Titration	0	0	0.80	0	0	0	0	0.70
Cadmium	0	0	0.80	0	0	0	0	0.72
Ammoniak	0	0	0.58	0	0	0	0	0.68
Orbital	0	0	0.57	0.40-	0.40-	0	0	0.56
Brom	0	0	0.40	0	0	0	0	0.57
PSE	0	0	0	0.73	0	0	0	0.61
Reaktionsgl.	0	0	0	0.70	0	0	0	0.55
Strukturformel	0	0	0	0.56	0	0.49	0	0.67
Experiment	0	0	0	0.41	0	0	0	0.31
Salz	0	0	0	0	0.75	0	0	0.57
Nichtmetall	0	0	0	0	0.73	0	0	0.60
Metall	0	0	0	0	0.66	0	0	0.58
Kupfer	0	0	0	0	0.57	0	0	0.50
Reaktion	0	0	0	0	0	0.79	0	0.71
Bindung	0	0	0	0	0	0.64	0	0.56
Verbrennung	0	0	0	0	0.34	0.58	0	0.57
Energie	0	0	0	0	0	0.54	0	0.53
Verbindung	0	0	0	0	0	0.46	0.42	0.77
Atom	0	0	0	0	0	0	0.88	0.82
Mol	0	0	0	0	0	0	0.78	0.70
Säure	0	0	0	0	0	0	0.52	0.64
Sauerstoff	0	0.44-	0	0.37	0	0	0.42	0.48

Beurteilungsvariable	Anglistikstudenten							
Konkretheit	F1	F2	F3	F4	F5	F6	F7	h2
Strukturformel	0.81	0	0	0	0	0	0	0.77
Gleichgewicht	0.70	0.47-	0	0	0	0	0	0.69
Struktur	0.58	0.36	0	0	0	0	0	0.55
Ionengitter	0.55	0	0	0	0	0	0	0.57
Atom	0.25	0	0	0	0	0	0	0.33
Indikator	0	0.79	0	0	0	0	0	0.61
Reaktion	0	0.75	0	0	0	0	0	0.71
PSE	0	0.54	0	0	0	0	0	0.57
Verbrennung	0	0	0.69	0	0	0	0	0.57
Ammoniak	0	0	0	0.86	0	0	0	0.81
Redoxreaktion	0	0.35	0	0.86	0.42-	0	0	0.67
Brom	0	0	0	0.85	0	0	0	0.71
NAS	0	0	0	0.84	0	0	0	0.71
Cadmium	0	0	0	0.80	0	0	0	0.72
Orbital	0	0	0.41	0.60	0	0	0	0.60
Elektrolyse	0	0	0	0.60	0	0	0.39	0.59
Base	0	0	0	0.58	0.38	0	0	0.71
Kupfer	0	0	0	0.56	0.47	0	0	0.68
Titration	0	0	0	0.53	0	0	0	0.47
Mol	0	0	0	0.47	0	0	0	0.46
Salz	0	0	0	0	0.88	0	0	0.73
Metall	0	0	0	0	0.63	0	0	0.53
Nichtmetall	0	0	0	0	0.49	0	0.42	0.61
Neutralisation	0	0	0	0	0	0.80	0	0.64
Polarität	0	0	0	0	0	0.72	0	0.53
Verbindung	0	0	0	0	0	0.72	0	0.70
Bindung	0.33	0	0	0	0	0.70	0	0.75
Säure	0	0	0	0	0.48	0.50	0	0.71
Reaktionsgl.	0	0.39	0	0	0	0.48	0	0.74
Experiment	0	0	0	0	0	0.39	0	0.56
Sauerstoff	0	0	0	0	0	0	0.81	0.69
Energie	0	0	0	0	0	0	0.60	0.53
Bildhaftigkeit								
Titration	0.70	0	0	0	0	0	0	0.54
Reaktionsgl.	0	0.80	0	0	0	0	0	0.63
Strukturformel	0	0.73	0	0	0	0	0	0.55
PSE	0	0.61	0	0	0	0	0	0.61
Ionengitter	0	0.60	0	0	0	0	0	0.49
Struktur	0	0.50	0	0	0	0	0	0.77
Redoxreaktion	0.41	0.44	0	0	0	0	0	0.46
Reaktion	0	0.25	0	0	0	0	0	0.53
Mol	0	0	0.80	0	0	0	0	0.62
Experiment	0	0	0.59	0	0	0	0.51	0.66
Atom	0	0	0.49	0	0.47	0	0	0.56
NAS	0	0	0	0.81	0	0	0	0.74
Cadmium	0	0	0	0.75	0	0	0	0.60
Brom	0	0	0	0.70	0	0	0	0.71
Ammoniak	0	0	0	0.66	0	0	0	0.54
Base	0	0	0	0.41	0.43	0	0	0.51
Elektrolyse	0	0	0	0.34	0	0	0	0.62
Säure	0	0	0	0	0.81	0	0	0.67
Sauerstoff	0	0	0	0	0.78	0	0	0.60
Verbindung	0	0	0	0	0.70	0	0	0.70
Bindung	0	0	0	0	0.67	0.36	0	0.70
Salz	0	0	0	0	0.54	0	0	0.57
Indikator	0	0.35	0	0	0.54	0	0	0.54
Energie	0	0	0	0	0.52	0	0	0.53
Gleichgewicht	0	0	0	0	0	0.69	0	0.70
Orbital	0.51	0	0	0	0	0.67	0	0.66
Neutralisation	0	0	0	0	0	0.63	0	0.48
Polarität	0	0	0	0	0	0.61	0	0.50
Nichtmetall	0	0	0	0	0	0.45	0.41	0.55
Metall	0	0	0	0	0	0	0.81	0.61
Kupfer	0	0	0	0	0	0	0.76	0.70
Verbrennung	0	0	0	0	0	0.35	0.58	0.54

Beurteilungsvariable	Anglistikstudenten							
Bedeutungshaltigkeit	F1	F2	F3	F4	F5	F6	F7	h2
Sauerstoff	0.84	0	0	0	0	0	0	0.64
Experiment	0.54	0	0	0	0	0	0	0.61
Bindung	0	0.90	0	0	0	0	0	0.78
Verbindung	0	0.85	0	0	0	0	0	0.72
Reaktionsgl.	0	0.53	0	0	0	0	0	0.59
Reaktion	0.39	0.53	0	0	0	0	0	0.70
Strukturformel	0	0.51	0	0	0	0	0.53	0.77
Polarität	0	0	0.77	0	0	0	0	0.64
Indikator	0	0	0.67	0	0	0	0	0.61
Elektrolyse	0	0	0.38	0	0	0	0	0.41
Neutralisation	0	0	0.35	0	0	0	0	0.57
Gleichgewicht	0	0	0	0.86	0	0	0	0.76
Salz	0	0	0	0.84	0	0	0	0.66
Metall	0	0	0	0.75	0	0	0	0.71
Verbrennung	0	0	0	0.67	0	0	0	0.58
Kupfer	0	0	0	0.60	0.51	0	0	0.82
Nichtmetall	0	0	0	0.45	0	0	0	0.52
Cadmium	0	0	0	0	0.93	0	0	0.83
Brom	0	0	0	0	0.86	0	0	0.80
Ammoniak	0	0	0	0	0.79	0	0	0.68
NAS	0	0	0	0	0.54	0	0	0.73
Mol	0	0	0	0	0	0.98	0	0.69
PSE	0	0	0	0	0	0.77	0	0.66
Redoxreaktion	0	0	0	0	0	0.64	0	0.70
Orbital	0.51-	0	0	0	0	0.63	0	0.71
Ionengitter	0	0	0	0	0	0.63	0	0.50
Titration	0	0	0	0	0	0.65	0	0.73
Base	0	0	0	0	0.39	0.54	0	0.64
Säure	0.40	0	0	0	0	0.52	0	0.62
Atom	0.41	0	0	0	0	0.44	0	0.46
Struktur	0	0	0	0	0	0	0.91	0.81
Energie	0.45	0	0.34	0	0	0	0.60	0.76
Verständlichkeit								
Polarität	0.91	0	0	0	0	0	0	0.76
Neutralisation	0.74	0	0	0	0	0	0	0.71
Energie	0.58	0	0	0	0.50	0	0	0.70
Bindung	0	0.99	0	0	0	0	0	0.75
Verbindung	0	0.77	0.41	0	0	0	0	0.83
Strukturformel	0	0.52	0	0.34	0	0	0	0.70
Indikator	0	0.34	0	0	0	0	0	0.68
Reaktionsgl.	0	0.46	0	0	0.34	0	0	0.61
Reaktion	0.36	0.42	0	0	0	0	0	0.68
Atom	0	0.41	0	0	0.35	0	0	0.58
Gleichgewicht	0	0	0.86	0	0	0	0	0.72
Verbrennung	0	0	0.74	0	0	0	0	0.72
Salz	0	0	0.65	0	0	0	0	0.62
Experiment	0	0	0.64	0	0	0	0	0.78
Brom	0	0	0	0.90	0	0	0	0.78
Cadmium	0	0	0	0.89	0	0	0	0.74
Ammoniak	0	0	0	0.85	0	0	0	0.82
Kupfer	0	0	0.51	0.83	0	0	0	0.80
Base	0.42	0	0	0.63	0	0	0	0.74
Säure	0	0	0	0.39	0	0	0	0.73
Nichtmetall	0	0	0	0	0.95	0	0	0.75
Metall	0	0	0	0	0.90	0	0	0.79
Elektrolyse	0	0	0	0	0.41	0.55	0	0.53
Ionengitter	0	0	0	0	0	0.69	0	0.69
Redoxreaktion	0	0	0	0	0	0	0.80	0.80
Titration	0	0	0	0	0	0	0.78	0.60
Mol	0.37	0	0	0	0	0	0.63	0.61
NAS	0.36	0	0	0.34	0	0.65	0	0.70
Orbital	0.30	0.30	0	0	0	0.31	0.30	0.50
Struktur	0	0.41	0.36	0	0	0.30	0	0.55
PSE	0	0.37	0.36	0	0	0	0.40	0.63
Sauerstoff	0	0.34	0	0.47	0.37	0	0	0.64

X   Mittelwerte und Standardabweichungen der Einschätzungen des Alltagsbezugs durch Anglistikstudenten

Begriff	m	s	Begriff	m	s	Begriff	m	s
Sauerstoff	6.3	1.27	Gleichgewicht	5.2	1.86	Reaktion	4.6	1.79
PSE	2.5	1.71	Verbindung	4.4	1.97	Cadmium	2.5	1.81
Säure	4.6	1.66	Mol	1.7	1.17	Base	2.6	1.65
Verbrennung	5.2	1.63	Brom	1.9	1.33	NAS	1.3	0.89
Reaktionsgl.	2.2	1.41	Kupfer	4.7	1.60	Elektrolyse	2.0	1.34
Neutralisation	3.2	1.80	Atom	4.4	2.03	Polarität	3.1	1.97
Struktur	4.2	1.93	Strukturformel	2.5	1.46	Ammoniak	2.7	1.87
Energie	6.2	1.33	Bindung	4.1	1.92	Redoxreaktion	1.8	1.20
Nichtmetall	3.7	1.91	Metall	5.7	1.47	Ionengitter	1.6	1.21
Salz	6.4	1.06	Orbital	1.5	1.03	Titration	1.4	0.96
Indikator	2.9	1.79	Experiment	4.6	1.92			

XI   Korrelationen der vier Begriffseigenschaften mit dem Alltagsbezug

Anglistikstudenten	Ab-K	Ab-B	Ab-M	Ab-V
Sauerstoff	0.10	0.09	0.15	0.14
Struktur	0.22	0.24	0.11	0.28
Energie	0.13	0.14	0.34	0.17
Nichtmetall	0.16	0.22	0.15	0.05
Salz	0.07	0.02	0.12	0.21
Indikator	0.08-	0.12	0.08	0.30
Reaktion	0.03	0.08	0.28	0.07
Cadmium	0.12	0.11	0.21	0.25
Base	0.12	0.27	0.04	0.21
NAS	0.03	0.10	0.16	0.21
Elektrolyse	0.04	0.24	0.18	0.15
Gleichgewicht	0.17	0.30	0.31	0.43*
Strukturformel	0.17	0.30	0.12	0.14
Bindung	0.09	0.31	0.04	0.29
Metall	0.23	0.00	0.13	0.21
Orbital	0.03	0.07	0.16	0.03
Experiment	0.06-	0.03-	0.05	0.05
Polarität	0.02	0.30	0.31	0.15
Ammoniak	0.21	0.31	0.13	0.30
Redoxreaktion	0.27	0.54*	0.26	0.43*
Ionengitter	0.19	0.44*	0.34	0.25
Titration	0.30	0.28	0.28	0.15
Atom	0.07	0.15	0.10	0.20
PSE	0.35*	0.28	0.22	0.37*
Verbindung	0.20	0.40	0.21	0.24
Säure	0.26	0.39	0.34	0.34
Mol	0.18	0.34	0.23	0.18
Verbrennung	0.40*	0.29*	0.23	0.23
Brom	0.15	0.31	0.18	0.29
Reaktionsgleichung	0.10	0.09	0.04	0.05
Kupfer	0.20	0.15	0.38*	0.13
Neutralisation	0.18	0.17	0.15	0.35*

XII   Erhebungsbogen der zweiten Untersuchung

Begründen Sie nunmehr bitte in wenigen Sätzen Ihre eben abgegebenen Einschätzungen der Konkretheit und Bildhaftigkeit folgender Begriffe:

Sauerstoff   Gleichgewicht

Energie   Nichtmetall

Base   Atom

Bindung   Säure

XIII Anteil der Nennungen in den Begründungskategorien des zweiten Untersuchungsabschnitts

Chemiestudenten

Konkretheit	Atom	Bi	En	Gl	Sa	Nm	Sä	Base	Ges
Wissen	29	28	8	36	25	36	37	42	30
Vorstellung	2	3	-	2	5	2	-	3	2
Wahrnehmung	5	7	7	2	2	2	12	5	5
Alltagsbezug	-	5	7	12	7	-	3	8	6
Beispiele	-	3	14	-	-	3	2	3	3
Eigenschaften	-	-	16	6	15	12	19	12	10
Modelle	16	12	-	-	-	3	-	-	4
Formeln	-	5	-	-	3	-	-	-	1
andere Antwort	13	10	2	8	24	8	10	6	10
keine Antwort	35	27	46	34	19	34	17	21	29

Bildhaftigkeit	Atom	Bi	En	Gl	Sa	Nm	Sä	Base	Ges
Wissen	7	3	5	11	2	8	12	12	8
Wahrnehmung	7	3	10	2	5	2	5	5	5
Alltagsbezug	-	5	7	32	10	2	8	17	10
Beispiele	-	2	20	-	-	17	3	5	6
Eigenschaften	-	-	3	3	2	15	14	10	5
Modelle	71	37	-	-	21	5	-	-	11
Formeln	-	15	-	-	7	-	-	-	3
andere Antwort	2	9	7	15	14	11	10	12	14
keine Antwort	13	26	48	37	39	40	48	39	38

Anglistikstudenten

Konkretheit	Atom	Bi	En	Gl	Sa	Nm	Sä	Base	Ges
Wissen	34	18	28	23	20	24	35	47	29
Vorstellung	5	5	3	5	8	3	3	10	6
Wahrnehmung	5	8	9	1	12	5	-	1	6
Alltagsbezug	-	16	17	14	11	3	3	-	9
Beispiele	-	3	3	-	-	1	3	1	1
Eigenschaften	-	-	4	1	3	7	20	10	6
Modelle	14	7	-	-	-	-	-	-	1
Formeln	2	-	-	-	7	-	-	-1	
andere Antwort	17	11	6	13	17	41	6	9	15
keine Antwort	23	32	30	43	22	16	30	20	26

Bildhaftigkeit	Atom	Bi	En	Gl	Sa	Nm	Sä	Base	Ges
Wissen	10	7	3	3	-	3	3	1	4
Wahrnehmung	7	9	11	-	30	8	3	3	9
Alltagsbezug	-	19	16	48	22	4	10	4	15
Beispiele	-	-	9	-	-	15	3	3	4
Eigenschaften	-	-	21	1	1	7	18	7	7
Modelle	42	14	-	-	3	-	-	-	4
Formeln	1	13	-	-	8	-	1	11	4
andere Antwort	-	4	1	2	2	15	18	14	10
keine Antwort	40	34	39	46	34	48	44	57	43

XIV Erhebungsbogen der dritten Untersuchung

Im Laufe des Interviews haben Sie verschiedene Medien kennengelernt. Nun sollen Sie entscheiden, welches dieser Medien am geeignetsten ist, um das Thema 'Verdunstungskälte' zu erläutern. Sie sollen eine Rangreihe erstellen, bei der das beste Medium die Ziffer 1 erhält, das zweitbeste Medium die Ziffer 2 usw..

Beispiel 'Sommertag' _

Abbildung 'Gefäß' _

Chemiecomic _

Diagramm 'Verteilung' _

Feuerzeuggas _

Text 'Strandbad' _

Erfrischungstücher _

Beispiel 'Kühlprinzip' _

Satz 'Energieerhaltung' _

Diagramm 'Zustandsänderungen des Wassers' _

Weinkühler _

Text 'Teilchenbewegung' _

Abbildung 'Thermometer' _

XV Materialien zum Phänomen 'Verdunstungskälte'

Text 'Teichenbewegung'

Die Temperatur, die ein Thermometer mißt, beruht auf der mittleren Bewegungsenergie der Teilchen, die das Thermometer umgeben. Starke Bewegung der Teilchen entspricht einer hohen Temperatur. Geringe Bewegung der Teilchen entspricht einer niedrigen Temperatur. Die Temperatur eines Stoffes resultiert aus der mittleren Bewegungsenergie aller Teilchen, aus denen er besteht. Es gibt immer einige, die eine geringere Bewegungsenergie haben, und einige, die eine größere Bewegungsenergie haben. Die Bewegungsenergie der Teilchen eines Stoffes ist im festen Zustand sehr gering, im flüssigen Zustand etwas größer und im gasförmigen Zustand am größten.
Wenn Luft durch einen Fön nur in Strömung versetzt wird, ohne sie zu erwärmen, wird die Bewegungsenergie der Teilchen der Luft nicht erhöht. Die Temperatur der Luft bleibt unverändert.
In einer Portion Wasser besitzen einige Wasserteilchen an der Oberfläche soviel Bewegungsenergie, daß sie von der Flüssigkeit in den Gasraum übergehen. Die Teilchen befinden sich jetzt direkt über der Wasseroberfläche. Im gasförmigen Zustand verlieren einige dieser Teilchen an Bewegungsenergie, stoßen wieder auf die Oberfläche und verbleiben im Wasser. Einige werden sich auch von der Wasseroberfläche wegbewegen. Da stets einige der energiereichen Teilchen nicht mehr in die Flüssigkeit zurückgelangen, wird sich diese langsam abkühlen.
Dieser Prozeß wird beschleunigt, wenn die Luft an der Wasseroberfläche ständig verwirbelt wird. Die energiereichen Teilchen können zwar aus dem flüssigen Wasser austreten, werden aber direkt von der Wasseroberfläche weggetragen. Dadurch können sie nicht wieder zurückgelangen. Die mittlere Energie der Teilchen im Wasser wird sehr schnell abnehmen, da nur die energiearmen Teilchen in der Flüssigkeit zurückbleiben. Die Temperatur des Wassers sinkt sehr schnell.

Text 'Strandbad'

Es ist ein warmer Sommertag. Max hat sein Badezeug zusammengepackt und geht ins Strandbad. Auf der Tafel am Eingang steht: "Lufttemperatur 28°C, Wassertemperatur 24°C". Am Wasser weht ein leichter Wind. Trotzdem ist es Max angenehm warm. Er freut sich auf das Bad und genießt es, mit den sanften Wellen des Wassers zu spielen. Nach einer Viertelstunde hat er genug geschwommen und obwohl es ihm noch nicht kalt geworden ist, entschließt er sich, aus dem Wasser zu gehen. Inzwischen ist es windstill geworden. Max legt sich, so naß wie er ist, in den Sand und läßt sich von der Sonne trocken. Dabei wird es ihm angenehm kühl und frisch. Das Wasser auf seiner Haut verdunstet. Dazu wird Wärme benötigt. Diese Wärme stammt aus dem Wasser selbst. Dadurch wird es kälter, was Max natürlich spürt. Da dieser Vorgang aber sehr langsam abläuft, empfindet es Max als sehr angenehm und trocknet sich deshalb nicht ab. Plötzlich kommt eine starke Briese auf. Dabei wird es Max sofort kälter. Das Wasser kann jetzt viel schneller verdunsten, was dazu führt, daß es sich stärker abkühlt. Nun will sich Max doch lieber abtrocknen. Nachdem er sich gründlich abgetrocknet hat, empfindet er den Wind nicht mehr als kalt. Er ist jetzt genauso warm wie vor dem Bad. Das einzig Unangenehme ist die nasse Badehose, die ist immer noch kalt, und das bleibt solange, bis sie getrocknet ist.

Beispiel 'Kühlprinzip'

Das Kühlungsprinzip in alten Kühlschränken und in großtechnischen Anlagen beruht darauf, daß eine Flüssigkeit verdampft und sich dabei abkühlt, weil die energiereichsten Teilchen in den Gasraum übergehen.

Beispiel 'Sommertag'

Wenn sich nach einem sehr sonnigen, warmen Tag abends langsam Regenwolken bilden und es nur leicht regnet, wobei es vollkommen windstill ist, verdunstet das Wasser langsam. Es wird zuerst etwas kühler, aber bald wird es unangenehm schwülwarm.
Wenn jedoch nach einem sonnigen, warmen Tag abends plötzlich ein ordentlicher Wind Gewitterwolken herantreibt und es regnet, verdunstet das Wasser sehr schnell, und es wird dabei angenehm kühl.

Satz 'Energieerhaltung'

Die aufgewendete Verdampfungsenergie entspricht der von der Umgebung abgegebenen Energie.

Chemiecomic   ohne Fön   mit Fön

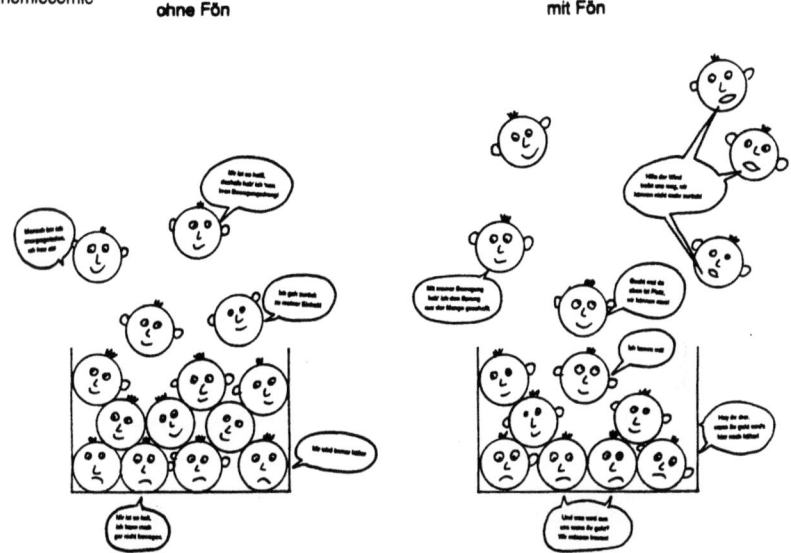

Abbildung 'Thermometer'

ohne Fön   mit Fön

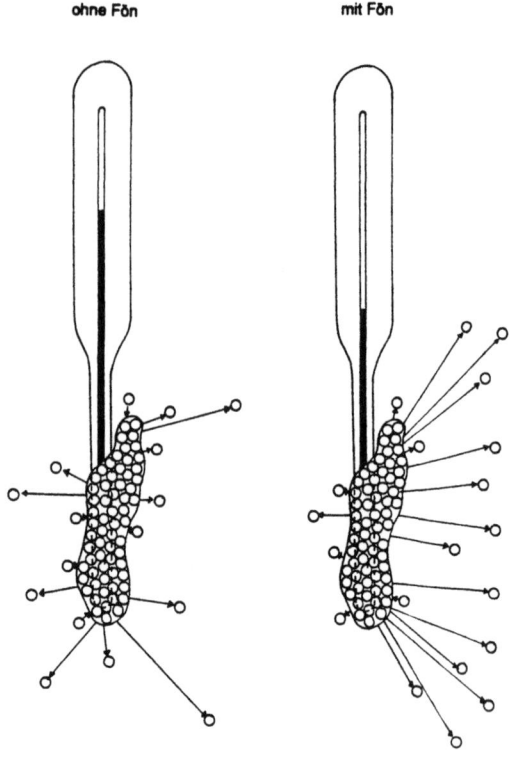

Abbildung 'Gefäß'

ohne Fön   mit Fön

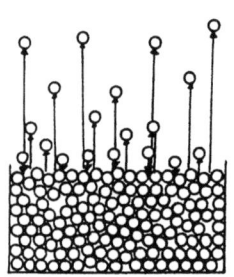 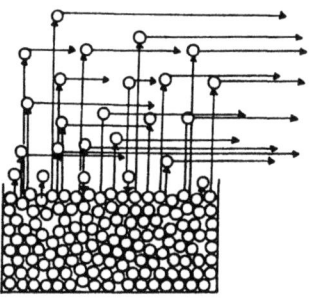

Diagramm 'Verteilung'

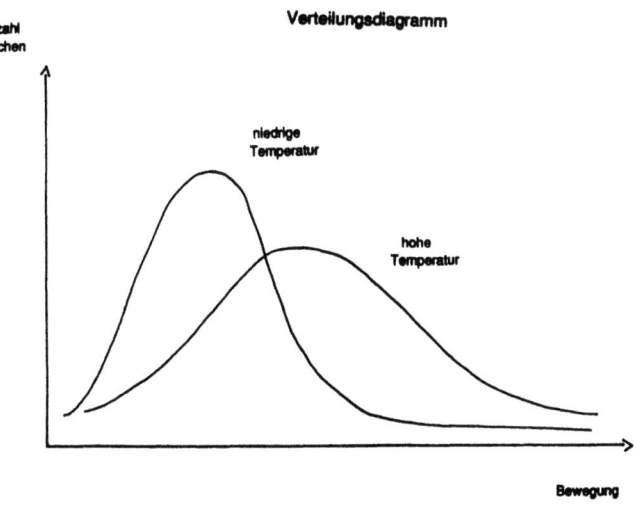

Diagramm 'Zustandsänderung'

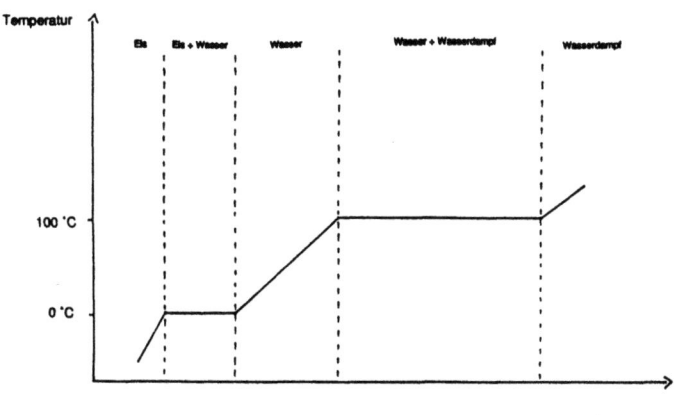

XVI Beispiele aus den Gesprächen über 'Verdunstungskälte' für falsch eingesetzte Wissensfragmente

Bsp. 1: Int. Warum ist ein Stoff warm oder kalt - worin liegt da der Unterschied?

Prob. "Da war was mit Verdichtung und Strukturänderung."

Bsp. 2: Prob. "Ich schätze, daß der Druck, die ausgepreßte Luft erzeugt ja einen Druck, daß dieses Wasser gegen das Thermometerende gepreßt wird und insofern Kühle darauf ausströmt."

Bsp. 3: Prob. "... Diese Anomalie des Wassers vielleicht auch."

Bsp. 4: Prob. "Beim Zweiten kann ich es jetzt nicht begründen. Ich würd jetzt irgendwas mit spezifischer Wärmekapazität, aber ich weiß es wirklich nicht genau, ob das Wasser mehr Wärme aufnehmen kann als das Glas und dadurch empfindlicher ist."

Bsp. 5: Prob. "Vielleicht hat das was mit der Dichte des Wassers zu tun."

XVII Beispiele aus den Gesprächen über 'Verdunstungskälte' für die Auffassung, Energie werde von außen aufgenommen

Bsp. 1: Int."...daß die Energie nicht irgendwo herkommt, sondern aus der Umgebung genommen wird. Und in dem Beispiel wurde die Energie, die das Teilchen benötigte, um 'rauszukommen, also gasförmig zu werden, aus dem Wasser genommen."

Prob. "Moment, Du hast gesagt, die Energie wird aus dem Wasser genommen."

Int. "Die Energie zur Verdampfung ..."

Prob. "... wird aus der Umgebung genommen."

Int. "Aus dem Wasser!"

Prob. "Das Thermometer kühlte ab, durch das Wasser, weil das Wasser verdunstet."

Bsp. 2: Prob. "... Weil Energie aufgebracht werden muß, um die Bindungen zwischen den Teilchen zu lösen."

Int. Wo kommt die denn her?

Prob. "Aus der Umgebung, die wird abgezogen, also aus, die Temperatur sinkt ja. Die Flüssigkeit am Thermometer hat ja 'ne bestimmte Temperatur und wenn die sinkt, verliert die Flüssigkeit (des Thermometers d.A.) an Energie. Und das ist dann die Energie, die praktisch benötigt wird, um die Bindungen zu brechen, nicht zu brechen, zu lockern."

Int. Wie kommt es zu der Temperatur des Wassers? Wieso sinkt die Temperatur eines Stoffes?

Prob. "Das ist die Bewegung der Teilchen im Grunde genommen. Also je schneller sich die Teilchen bewegen in dem Stoff, desto höher ist die Temperatur."

Int. Was heißt das auf den Versuch übertragen?

Prob. "Daß die Schwingung vom Wasser, von den Wasserteilchen, eigentlich höher wird. Und die von den Teilchen der Flüssigkeit in dem Thermometer geringer, so gesehen."

Int. Man mißt ja die Temperatur des Wassers. Das ist die direkte Umgebung des Thermometers. Also wird die Temperatur des Wassers geringer.

Prob. "Wenn die Temperatur des Wassers geringer werden würde, dann müßte ja die Bewegung der Wasserteilchen auch geringer werden und dementsprechend dürften sie ja nicht in den Gaszustand übergehen, weil das ist ja ein angeregter Zustand, der Gaszustand. ... Ich glaub gar nicht, daß das fast siedet dann das Wasser, ... weil es in den Gaszustand übergeht."

Bsp. 3: Prob. "Durch die Verdunstung wird Energie verbraucht, und diese Energie wird der Umgebung, sprich dem unteren Teil des Thermometers und auch der Außenluft, entzogen. Von daher nimmt die Temperatur der Außenluft ab."

XVIII Beispiele aus den Gesprächen über 'Verdunstungskälte' für unzureichende Differenzierung zwischen Teilchenbewegung und der Bewegung einer Teilchenansammlung

Bsp. 1: Int. "Hast Du das verstanden mit der Abkühlung?"

Prob. "Wenn ich mir überlege, wie Du mir das erklärt hast, dann sag' ich, ich hab's nicht verstanden. Das müßtest Du näher erläutern. (zeigt Abb Gefäß)"

Int. "Da sind die Moleküle dargestellt, und da ist 'ne Verdunstung. Da sind ja bewegte und unbewegte Teilchen. Unten sind die unbewegten Teilchen, die sind sehr kühl. Die bewegten Teilchen sind wärmer und steigen dann auf und verdunsten. Das ist schon alles daran."

Prob. "Warum geht die Temperatur runter?"

Int. "Weil die kalten Teilchen eben unten bleiben und die kühlen das ja ab."

Prob. "Ja, aber wo kommt denn die Kälte her? Wo kommt der Energieverlust her?"

Int. "Ja, eben durch die Bewegung. Die kalte Luft, die zugeführt wird - das ist ja unlogisch, wenn die kalten Teilchen unbewegt sind und Wind dazu kommt - warum wird's dann noch kälter?"

Prob. "Ja, ich weiß nicht mit dem Energieverlust durch den Übergang in die and're Phase."

.
.

Int. zum Beispiel Sommertag: "Dann verbleiben die warmen Teilchen in der Luft, weil die können ja nicht weg. Wenn jetzt Wind aufkommt, dann werden die verwirbelt, die Teilchen, und können auch in die Atmosphäre gelangen, und es wird angenehm kühl, weil der Wind die Teilchen bewegt, und ohne Bewegung ist es halt wärmer."

Bsp. 2: "Wieso wärmen die sich auf, wenn der Fön ja nur Bewegung ausmacht, ja gut Bewegung gleich Wärme, ja o.k.. Die sind nicht bewegt, deshalb haben sie normale Raumtemperatur."

XIX   Rangreihen der einzelnen Teilnehmer über die Medien [1]

Chemiestudenten

	a	b	c	d	e	f	g	h	i	j	k	l	m
1	12	11	3	8	10	13	6	1	9	10	2	5	4
2	5	8	12	7	11	9	3	2	13	10	4	6	1
3	5	6	4	11	12	13	3	1	13	10	7	9	2
4	11	2	4	10	8	13	3	6	12	7	5	6	9
5	4	12	11	5	7	8	6	1	13	3	2	10	9
6	5	7	13	9	6	10	12	1	11	8	3	4	2
7	3	5	10	8	9	13	11	1	12	7	6	4	2
8	5	8	2	10	11	13	1	6	12	9	3	4	7
9	8	9	3	12	13	11	1	7	2	10	5	4	6
10	13	3	5	13	8	5	5	1	13	3	2	13	13
11	3	6	7	11	12	7	7	1	7	13	2	4	5
12	4	3	13	13	6	13	1	13	1	13	2	13	5

Anglistikstudenten

	a	b	c	d	e	f	g	h	i	j	k	l	m
1	8	13	2	5	12	11	1	4	3	6	7	9	10
2	11	10	6	7	13	3	4	1	5	12	8	9	2
3	5	12	3	8	13	11	7	1	2	9	4	10	6
4	1	3	7	5	10	6	8	11	9	4	13	2	12
5	10	9	8	13	7	11	5	1	12	6	3	2	4
6	2	7	5	12	10	8	1	11	6	13	4	9	3
7	12	11	3	13	10	6	4	1	5	9	7	8	2
8	13	4	13	13	5	2	13	1	13	13	3	6	13
9	4	13	6	3	13	13	1	13	13	2	13	5	
10	13	6	7	5	9	12	10	3	11	2	8	1	4
11	13	4	10	5	9	6	11	7	12	3	1	2	8
12	8	7	3	6	12	11	1	10	2	9	5	4	12
13	3	12	7	10	9	11	8	1	6	13	5	4	2
14	7	8	2	13	13	13	3	1	4	13	5	13	6
15	5	10	3	13	13	4	1	8	2	13	7	6	9

---

[1]   a = Abb. 'Thermometer'   h = Text 'Strandbad'
       b = Text 'Teilchenbewegung'   i = Feuerzeuggas
       c = Weinkühler   j = Diagramm 'Verteilung'
       d = Diagramm 'Zustand'   k = Chemiecomic
       e = Satz Energieerhaltung   l = Abb. 'Gefäß'
       f = Bsp. 'Kühlprinzip'   m = Bsp. 'Sommertag'
       g = Erfrischungstücher

XX Beispiele aus den Gesprächen über 'Verdunstungskälte' für Anfangsphasen der Gespräche, in denen keine Alltagsbeispiele eingebracht werden

Bsp. 1: Int. Faßt die Beobachtungen zusammen

Prob. "Beim Zweiten ist doch etwas verdunstet."

Int. "Ist Dir das mit dem Energieerhaltungssatz bekannt? Energie besteht überall. Energie geht nie verloren, wird immer irgendwie umgewandelt. Wenn ich jetzt mit dem Fön da 'ran geh, hab' ich Luft-, Windenergie, wie auch immer. Die reibt sich an dem Thermometer, es entsteht Reibungsenergie, und die Reibungsenergie setzt sich wieder frei, in Wärmeenergie, reine Energieumwandlung."

Int. "Was hat Verdunsten mit Kälte zu tun? Kannst Du das erklären?"

Prob. "Nein kann ich nicht."

Int. "Ja dann tu' ich das. Es gibt ja verschiedene Aggregatzustände. Wir haben jetzt den Aggregatzustand flüssig und ..."

Bsp. 2: Int. "Woran liegt es, daß es kälter wird? Das hat was mit dem Wasser zu tun, ist klar. Wieso glaubst Du, warum mit dem Fön noch mehr passiert?"

Prob. "Ja, wird ja noch ein Wind eingebracht. Es kühlt ja noch mehr ab. Es ist ja kalte Luft, die da praktisch an das Thermometer drankommt. Da ist dann ein Luftwiderstand vom Wind."

Int. "Nee, Luftwiderstand nicht. Na, wie mach ich jetzt weiter? Wasser, ich mein es ist ja klar, auch die Luft, besteht ja alles aus Molekülen oder Teilchen, sind zusammengesetzt. Die haben alle ein gewisses Maß an Bewegung, und kannst'e jetzt vielleicht aufgrund dessen, was ich jetzt mit dem Wasser und der Bewegung, ein bißchen weiter 'ne Erklärung überlegen."

Bsp 3: Prob. "Durch die Luftbewegung, müßte doch da 'ne Abkühlung sein. Tja, vielleicht war die Einwirkung nicht lang genug. ... Hier, wo der Fön nicht dazu kam, ist die Temperatur langsam gesunken. Langsam, weil in unmittelbarer Nähe des Thermometers das Wasser nur langsam verdunstet, durch diese Mullbinde. Das wird hier durch die Luftbewegung, wird die Verdunstung beschleunigt, also wird's schneller kühl."

Int. "Ja, das ist auch auf dem Text drauf. Ja, hier sieht man das auch. (zeigt Abb. Gefäß) Hier ohne Fön, da verdunsten nur wenige Teilchen, mit Fön, da verdunsten mehr. ..."

Bsp 4: Prob. "Das erste ist ja ganz leicht gefallen. Ja, ich denke mal, wegen dem Abkühlen mit dem Wasser."

Int. "Klar ist ja, daß wenn man Wasser auf den Herd setzt und kochen läßt, daß es dann nach einiger Zeit auch verdunstet. Und daß da dann Energie frei wird, das Wasser dann in den gasförmigen Zustand gerät. Und so ähnlich passiert das hier auch. Wenn die Mullbinde mit dem Wasser da unten 'rangetan wird, und diese Einwirkung durch die Luft, daß eben diese kleinsten Teilchen weggetragen werden, und sich dadurch diese Temperatur drastisch senkt. ..."

XXI Beispiele aus den Gesprächen über 'Verdunstungskälte' für Äußerungen, die die Abbildung als Hinführung zur Teilchenvorstellung beschreiben

Bsp. 1: "Daß man das wahrnimmt, was der Verdunstungsvorgang ist, daß man den überhaupt wahrnimmt. Daß Wasser aus Molekülen besteht, daß bei der Verdunstung die eben in den gasförmigen Zustand übergehen. Wenn man das nur erzählt, ist das so nebulös, irgendwie. Man sieht's ja auch nicht beim Wasser. Man sieht wie es verdunstet, aber nicht mit den Teilchen, die sich bewegen."

Bsp. 2: "Das ist zumindest erst mal der Schritt, daß das Wasser auf diese Teile gebracht wird, auf wenige. ... Das ist ja 'ne vereinfachte Vorstellung, simpler kann man's nicht bringen."

Bsp. 3: "Ja, so Moleküle, hm was ist das, nach dem Motto, ja, da kann man sagen, ja, da kannst Du Dir so 'was vorstellen, daß sind die Teilchen, aber die rücken zusammen, das bildet das Wasser."

Bsp. 4: "Es ist der erste Schritt."

Bsp. 5: "Wenn ich jemandem versuchen würde, das zu erklären, würde ich immer ein Bild nehmen, weil es anschaulicher als ein Text ist. Es veranschaulicht ja schon, da geht 'was 'raus und kommt 'was 'rein, man sieht das."

XXII Beispiele aus den Gesprächen über 'Verdunstungskälte', in denen die Eigenschaft des Verdunstens auf die Teilchen übertragen werden

Bsp. 1: "Wenn Du Dir vorstellst, was passiert, wenn Teilchen verdunsten oder wenn die Wassermoleküle verdunsten, was bedeutet jetzt das Verdunsten, wenn Du Dir vorstellst, daß da flüssiges Wasser drin ist?"

Bsp. 2: "Ja, beim ersten Versuch, einige Teilchen verdunsten. Das bedeutet ja, es gibt bei dem Wasser eine mittlere Temperatur, daß eben einige, die schon einen höheren Energiewert haben 'raus gehen, aber auch wieder 'reingehen, also das geht langsam. Und beim Zweiten, wird es begünstigt und dadurch, daß die verdunsteten Teilchen weggeweht werden und nicht wieder zurück können, geht's schneller."

Bsp. 3: "Die Teilchen, die höhere Energie haben, verdampfen, nehmen dabei Energie von der Umgebung ab und verdampfen."

Bsp. 4: "Die (Wasserteilchen d.A.) bewegen sich sehr schnell und werden dadurch 'rausgerissen und verwandeln sich in den gasförmigen Zustand, und dadurch, daß wir da den Fön draufhalten, werden die gasförmigen, die Wasserteilchen, die jetzt gasförmig geworden sind, die werden jetzt ... "

Bsp. 5: "... und danach findet dann ein anderer Vorgang statt, der wesentlich größeren Umfang hat, nämlich, daß die Wasserteilchen zum großen Teil gasförmig werden, also den Aggregatzustand wechseln."

XXIII Beispiele aus den Gesprächen über 'Verdunstungskälte', in denen die Eigenschaften warm und kalt auf die Teilchen übertragen werden

Bsp. 1: "Ja, ein kälteres Teilchen hat logischerweise geringere Energie und dadurch eine niedrigere Temperatur und weniger Bewegung."

Bsp. 2: "Für die Umwandlung vom flüssigen in den gasförmigen Zustand braucht man ja Energie, und diese Energie, die wird dem Wasser entzogen, und das Wasser wird kälter. Und die Teilchen, die jetzt noch übrig sind, die bleiben eigentlich relativ langsam, dadurch, daß sie ja kälter geworden sind."

Bsp. 3: "Das ist dann der flüssige Zustand, und diese unbeweglichen Teilchen sind halt kälter, weil sich die energiereichsten abgestoßen haben."

XXIV Beispiele aus den Interviews über 'Verdunstungskälte', die Vorstellungen als Informationsverarbeitungselemente darstellen

Bsp. 1: "Das ist das mit den Bildern, daß ich was sehe, irgendwas vor Augen hab. Das gibt 'ne Rückopplung nochmal. Da kann ich das Bild, ich finde mit Bildern kann ich mir das angucken und kann überlegen, so hast'e das denn jetzt verstanden, kannst'e damit 'was anfangen, mit dem Bild, 'ne. "

Bsp. 2: Prob. "Aber wenn ich das seh, kann ich mir von dem was da passiert eine ganz konkrete Vorstellung machen."
Int. Was heißt konkrete Vorstellung - was ist eine Vorstellung?
Prob. "Daß man etwas nicht sichtbares vor dem inneren Auge hat."
Int. Und das ist wichtig?
Prob. "Ja!"
Int. Wenn man etwas erzählt bekommt oder liest, bekommt man das dann nicht vor das innere Auge?
Prob. "... Texte sind für Leute, die fortgeschrittener sind, die schon eine Vorstellung haben und sich dann 'ne Vorstellung beim Textlesen machen können, aber wenn ich mir noch keine Vorstellung machen kann, kann ich das auch nicht verstehen."

Helmut Mund

Verständnis chemischer Symbole
Eine Untersuchung von Lehrstrategien,
Lernverhalten und funktionalem Denken unter
Verwendung der probabilistischen
Testtheorie von Rasch

Frankfurt/M., Bern, New York, Paris, 1990. 258 S.
Empirische Schul- und Unterrichtsforschung.
Herausgegeben von Manfred Herbig. Bd. 3
ISBN 3-631-42317-9   br. DM 66.--

Wer etwas von der Chemie versteht, erklärt relevante Phänomene auf der Symbolebene. Die in der Chemie verwendeten Symbole stellen ein Anschauungsmittel eigener Art dar, das als zentraler Inhalt im Unterricht aufzubauen ist.
Welche Unterrichtswege zum Symbolverständnis gibt es, enthalten diese Wege Schwächen, wie können sie überwunden werden? Welche Ergebnisse weisen diesbezügliche empirische Untersuchungen auf? Wie hoch sind die Anforderungen an die kognitive Entwicklung für das Symbolverständnis im Lichte der Neo-Piaget-Forschung (Adey/Shayer, Case)? Wie wird eine Unterrichtsreihe zum Symbolverständnis aufgebaut? Warum müssen die Testaufgaben homogen sein, damit der Lernfortschritt auf Differenzskalenniveau gemessen werden kann? Gelingt es, den Gegensatz zwischen qualitativen und quantitativen Daten bzw. Forschungen zu überwinden? Kann die Entwicklung zur formal-operationalen Stufe beschleunigt werden?
Diese und andere Fragen versucht dieses Buch, in dem interdisziplinäre Forschung beispielhaft realisiert ist, zu beantworten. Es wendet sich an Chemielehrerinnen und -lehrer als Praktiker, an Fachleiter und Referendare, Hochschullehrer und Studenten der Naturwissenschaften und ihrer Didaktiken, an die empirisch Orientierten im Fach Erziehungswissenschaft und in der Pädagogischen Psychologie. Die Studie gibt eine Fülle von Anregungen zu weiteren Forschungen.

Peter Lang GmbH   **Europäischer Verlag der Wissenschaften**
Frankfurt a.M. • Berlin • Bern • New York • Paris • Wien
Auslieferung: Verlag Peter Lang AG, Jupiterstr. 15, CH-3000 Bern 15
Telefon (004131) 9411122, Telefax (004131) 9411131
- Preisänderungen vorbehalten -